Qualité des aliments d'origine animale

Production et transformation

Sophie Prache, Véronique Santé-Lhoutellier,
Catherine Donnars, coord.

Éditions Quæ

Collection *Matière à débattre et décider*

Les sols urbains sont-ils cultivables ?
C. Mougin, F. Douay, M. Canavese, T. Lebeau, É. Rémy, coord.
2020, 228 p.

Filière forêt-bois et atténuation du changement climatique,
A. Roux, A. Colin, J.-F. Dhôte, B. Schmitt, coord.
2020, 152 p.

Quelle politique agricole commune demain ?
C. Détang-Dessendre, H. Guyomard, coord.
2020, 306 p.

Cet ouvrage est issu d'une expertise scientifique collective conduite par la Direction de l'expertise scientifique collective, à la prospective et aux études d'Inrae.
Cette expertise a été commandée conjointement par la direction générale à l'alimentation du ministère de l'agriculture et de l'alimentation, et par FranceAgriMer. Le rapport d'expertise a été élaboré par un comité de 20 experts scientifiques sans condition d'approbation préalable par les commanditaires ou Inrae. Les résultats sont disponibles sur le site web d'Inrae :
www.inrae.fr/actualites/qualite-aliments-dorigine-animale-conditions-production-transformation

Contacts scientifiques :
Sophie Prache, sophie.prache@inrae.fr
Véronique Santé-Lhoutellier, veronique.sante-lhoutellier@inrae.fr

Pour citer ce livre :
Prache S., Santé-Lhoutellier V., Donnars C. (coord), Adamiec C., Astruc T., Baeza-Campone E., Bouillot P.E., Clinquart A., Feidt C., Fourat E., Gautron J., Guillier L., Kesse-Guyot E., Lebret B., Lefevre F., Martin B., Mirade P.S., Pierre F., Rémond D., Sans P., Souchon I., Girard A., Le Perchec S., Raulet M., 2021. *Qualité des aliments d'origine animale, production et transformation*. Éditions Quæ (France), 170 p.

Ouvrage financé par la DEPE et sous licence CC-by-NC-ND.

Table des matières

Introduction

CE LIVRE REND COMPTE DES PRINCIPAUX ENSEIGNEMENTS d'une expertise scientifique collective conclue en 2020 par INRAE[1]. Cette expertise a été commanditée par la Direction générale de l'alimentation (DGAL, ministère de l'Agriculture et de l'Alimentation) et l'agence FranceAgriMer à la suite des États généraux de l'alimentation (2018), lesquels avaient mis en exergue de nombreuses questions sur les aliments d'origine animale. L'expertise a ainsi examiné les différentes dimensions de la qualité de ces aliments, notamment leurs enjeux nutritionnels, sanitaires, technologiques, organoleptiques, etc. Elle a étudié les variations de cette qualité en fonction des conditions d'élevage des animaux et des procédés de transformation des produits. Elle a également fait un état des connaissances scientifiques sur les effets de leur consommation sur la santé humaine. Du rapport d'expertise (1 000 pages) a été tirée une synthèse dont est issu ce livre (Prache *et al.*, 2020).

Un contexte charnière pour les aliments d'origine animale

LES NIVEAUX DE CONSOMMATION DES ALIMENTS D'ORIGINE ANIMALE, et de viande en particulier, sont fortement questionnés depuis quinze ans. En 2006, la FAO alertait sur le risque que fait peser la hausse actuelle de la consommation de viande dans le monde sur la sécurité alimentaire mondiale et sur l'environnement, tant en termes de ressources en terres, en eau que d'émissions de gaz à effet de serre. Auparavant marqueur d'une bonne alimentation et d'une hausse du niveau de vie, la consommation de viande est dorénavant souvent associée aux excès d'un mode de vie occidental urbain. Les Européens, les Américains (nord et sud) ou les Australiens ont doublé leur consommation d'aliments d'origine animale depuis cinquante ans et mangent deux fois plus de protéines d'origine animale que la moyenne mondiale. Or les travaux de médecine et d'épidémiologie nutritionnelle ont montré, dans les années 1990, l'existence de liens entre les régimes occidentaux riches en viandes, sucres et graisses animales et végétales et les maladies cardio-vasculaires, les cancers et l'obésité. Ces maladies chroniques d'origine alimentaire sont devenues des causes majeures de mortalité dans le monde et un enjeu de santé publique. De plus, une convergence entre enjeux environnementaux et de santé nutritionnelle s'est établie dans les années 2010. En 2019, un rapport du Groupe international d'experts sur le climat (GIEC) invite ainsi à réduire la consommation des aliments d'origine animale afin de réduire la pression sur l'usage des terres agricoles.

---

1. Voir https://www.inrae.fr/actualites/qualite-aliments-dorigine-animale-conditions-production-transformation (consulté le 29/12/2020).

Les mouvements de la cause animale ont joué un rôle important en médiatisant les maltraitances pouvant être infligées aux animaux dans les abattoirs ou les élevages. De leur côté, les professionnels et les groupes sociaux proches du monde agricole ont argué de la place naturelle et historique des produits animaux dans notre régime omnivore et dans notre patrimoine culturel. Le débat s'est parfois crispé autour d'un jeu de miroirs disqualifiant d'un côté le jusqu'au-boutisme végan et de l'autre le productivisme agricole. Cependant, il a aussi été l'occasion d'explorer beaucoup de sujets ardus (la comptabilité des impacts, la modélisation des futurs, la responsabilité morale envers les animaux, etc.) ou dérangeants (manger des insectes ou de la viande produite *in vitro*). Les questionnements ont mis en relief les limites d'une approche globalisante de l'élevage et de la consommation qui ne tient pas compte des dimensions culturelles, sociales et économiques de l'alimentation. L'argumentation a souvent progressé à la manière d'un engrenage, une analyse en enclenchant une autre et reconfigurant ainsi successivement les problèmes. Des controverses sont régulièrement apparues. Elles sont le terrain de confrontations scientifiques entre disciplines et approches méthodologiques. Ce fut le cas, ces dernières années, des substitutions végétales, du classement des produits dits « ultra-transformés », du niveau recommandé de consommation de produits animaux. Ces controverses se doublent parfois de polémiques sur les conflits d'intérêts de leurs auteurs ou de leurs détracteurs.

Au cours de la décennie, s'appuyant régulièrement sur les travaux scientifiques, les acteurs sociaux – associations, professionnels, groupes de réflexion, institutions parapubliques et politiques – ont ainsi publié de nombreux rapports réinterrogeant la consommation de viande ou de produits animaux. La majorité d'entre eux semble privilégier une voie médiane autour de la notion d'alimentation « saine et durable ». Notion encore floue, elle autorise une large gamme d'interprétations, notamment sur la place et la composition des produits animaux dans le régime alimentaire. Cependant, la « végétalisation » de nos assiettes est devenue le marqueur de l'engagement dans cette direction. Réputés stables, les comportements alimentaires ont évolué dans les pays développés. Près de la moitié des Français se déclaraient flexitariens[2] en 2019. Les végétariens représenteraient, eux, environ 5 % de la population française, 6 % en Allemagne et 8 % en Grande-Bretagne. Les végétaliens et végans avoisineraient plutôt 1 % (enquête FranceAgriMer, 2019).

Une alimentation « saine et durable », c'est aussi l'expression que le gouvernement français a adoptée dans la loi Egalim du 31 octobre 2018, à la suite des États généraux de l'alimentation. De nouvelles recommandations nutritionnelles du Programme national nutrition santé (PNNS) ont été publiées par Santé publique France en janvier 2019. Elles modifient les repères alimentaires sur les produits animaux pour les adultes. Une quantité maximale hebdomadaire est recommandée pour la charcuterie (‹ 150 g/semaine) et la viande de boucherie hors volailles (‹ 500 g/semaine). Les repères de consommation en

---

2. Le flexitarisme qualifie les personnes qui limitent leur consommation de viande, sans être exclusivement végétariennes. Le terme est la traduction d'un mot-valise anglais réunissant *flexible* et *vegetarian*. Enquête disponible sur : www.franceagrimer.fr/Eclairer/Documentation (catalogue des publications 2029, consulté en décembre 2020).

produits laitiers diminuent également, passant de trois produits laitiers par jour à deux. Il est en revanche recommandé de consommer du poisson deux fois par semaine, dont un poisson gras, en variant les espèces ainsi que leurs origines géographiques, afin de limiter l'exposition aux contaminants marins. Les légumes secs apparaissent comme un nouveau groupe d'aliments recommandés car ils sont naturellement riches en fibres. Les produits céréaliers complets font également l'objet d'une recommandation spécifique. L'autre nouveauté est d'avoir pris en compte la dimension environnementale dans l'élaboration des repères nutritionnels. Il est ainsi conseillé de privilégier les aliments produits selon des modes de production diminuant l'exposition aux pesticides, de recourir davantage aux produits de saison et aux circuits courts et de privilégier les produits bruts en limitant au contraire les aliments ultra-transformés.

Parallèlement, le ministère de l'Agriculture et de l'Alimentation anime, depuis 2017, une concertation avec les filières animales sur leurs orientations, afin qu'elles prennent mieux en compte les attentes sociétales et les impacts environnementaux. Les nouveaux plans de filières (applicables à partir de 2019) affichent des objectifs de montée en gamme de la qualité des produits.

Plus largement, les pays européens adoptent progressivement des « plans protéines ». Ceux-ci visent en premier lieu à réorienter l'alimentation des animaux d'élevage vers un approvisionnement local en cultures oléoprotéagineuses afin de s'affranchir de l'importation de soja brésilien (généralement OGM et qui contribue à la déforestation de l'Amazonie). Cependant, au-delà de l'agriculture, certains plans affichent un rééquilibrage des sources végétales/animales dans les régimes alimentaires humains. Les Pays-Bas sont le seul pays européen à avoir fixé un objectif chiffré de parité entre l'apport des protéines animales et végétales dans leur régime alimentaire pour 2030, ce qui correspond aux recommandations de l'Organisation mondiale de la santé (OMS). En France, la stratégie nationale sur les protéines végétales (datée du 1/12/2020) cherche à diversifier l'offre de légumes secs en restauration collective, et les restaurants scolaires sont dorénavant tenus d'offrir un menu végétarien par semaine.

Des entreprises des secteurs de la viande et du lait investissent d'ailleurs dans des alternatives végétales, et les grands groupes agro-industriels prennent progressivement le relais des start-up du départ. Outre les végétaux, l'innovation inclut d'autres ressources, comme les algues, les insectes, les matières issues des biotechnologies, etc. Soutenir l'innovation dans les alternatives aux protéines animales offre une marge de manœuvre aux gouvernements européens pour dépasser les blocages politiques. C'est un fait général que promouvoir l'innovation est politiquement plus facile que promouvoir la réduction de la consommation ou de la capacité de production d'un secteur économique. Toutefois, cette stratégie n'affronte pas directement l'accompagnement de la décroissance de l'élevage, ni des filières animales. D'ailleurs, seule la filière bovine prend acte de la diminution de la consommation de viande dans son plan de filière.

Cette rapide mise en contexte montre que la consommation des aliments d'origine animale a fait l'objet d'intenses débats. En revanche, peu de travaux ont traité conjointement les différentes dimensions de la qualité de ces aliments, ni appréhendé l'ensemble des maillons de la chaîne d'élaboration des produits. C'est ce que cet ouvrage tâche d'éclairer.

Un périmètre et un cadre d'analyse qui embrassent toute la chaîne de fabrication des aliments

LES PRINCIPAUX PRODUITS D'ORIGINE ANIMALE CONSOMMÉS EN EUROPE sont les viandes fraîches bovines, ovines, porcines et de volaille, la chair de poisson, le lait (de vache, brebis et chèvre), les œufs de poule, ainsi que les viandes et poissons transformés, les produits laitiers, les ovoproduits, les ingrédients et plats composites contenant des produits animaux. Parmi les viandes, les travaux sur la santé humaine distinguent la catégorie « viandes de boucherie » (bœuf, veau, porc, agneau, mouton, cheval et chèvre), qui exclut les volailles, des « viandes transformées » (par salage, salaison, fermentation, fumage ou appertisation), qui correspond en France à la catégorie « charcuteries ».

Puisqu'il s'agissait d'examiner les produits au regard des conditions d'élevage et de transformation, n'ont été considérés que les produits issus d'animaux élevés en Europe. Ceux majoritairement importés (crevettes) et issus des gibiers ou de la pêche ont été exclus. L'ont été également les produits moins fréquents dans la diète (mollusques, crustacés, viandes caprine, chevaline, de lapin, etc.) ou s'inscrivant dans des problématiques spécifiques (miel). Les procédés de transformation ont été appréhendés au travers de produits courants ayant subi des traitements thermiques ou de hachage, salage, fumaison, fermentation, tels que le lait ultra-haute température (UHT), les jambons cuits et secs, la viande hachée de bœuf, les fromages. La grande diversité des produits composites a notamment été illustrée par les nuggets de poulet ou les pizzas.

Les aliments peuvent être standards ou bénéficier d'un signe de qualité. Les Signes officiels d'identification de la qualité et de l'origine (SIQO) sont au nombre de cinq : l'Agriculture biologique (AB), l'Appellation d'origine protégée (AOP), l'Indication géographique protégée (IGP), la Spécialité traditionnelle garantie (STG) et le Label rouge (LR), ce dernier étant une spécificité française.

La qualité d'un produit se définit par l'ensemble des propriétés qui lui confèrent l'aptitude à satisfaire des besoins implicites ou exprimés par les acteurs concernés[3], dont les consommateurs. Dans le cadre de l'expertise, nous avons considéré sept propriétés (figure 0.1) : les propriétés organoleptiques, sanitaires et nutritionnelles, qui sont toutes trois directement liées à l'acte de manger. Les propriétés commerciales, technologiques et d'usage intéressent les acteurs professionnels et les consommateurs. Enfin, les propriétés d'image et qui couvrent les dimensions éthiques, culturelles et environnementales associées aux conditions de production et de transformation sont aujourd'hui jugées déterminantes par les consommateurs.

---

3. Norme Afnor, ISO9001.

Figure 0.1. Les sept propriétés de la qualité d'un aliment d'origine animale.

Les propriétés organoleptiques correspondent aux caractéristiques perçues par les organes des sens (couleur, texture, caractère juteux, odeur et flaveur). Le plaisir alimentaire est un état de bien-être transitoire provoqué par l'anticipation de la consommation ou par la consommation d'un aliment. Il vise à satisfaire le bon fonctionnement de l'organisme en énergie ou en nutriments et est un élément essentiel dans les processus de satiété.

Les propriétés sanitaires d'un aliment sont relatives aux dangers ou aux bénéfices associés à sa consommation. Les dangers microbiologiques sont de mieux en mieux caractérisés tandis que les dangers chimiques sont encore connus de façon parcellaire (toxicité, interactions entre composés). La gestion des risques est réglementée. L'épidémiologie nutritionnelle permet, elle, d'évaluer les effets protecteurs ou délétères de différents groupes d'aliments sur certaines pathologies, dont les cancers, les maladies cardio-vasculaires et l'obésité. L'épidémiologie oriente les politiques de santé publique.

Les propriétés nutritionnelles d'un aliment reflètent sa capacité à répondre aux besoins alimentaires des consommateurs. Cette capacité est liée à sa composition en nutriments, ainsi qu'à leur biodisponibilité, c'est-à-dire leur aptitude à être assimilés par l'organisme au cours de la digestion. Les produits riches en nutriments essentiels comparativement à leur apport calorique (forte densité nutritionnelle) et contenant des quantités modérées de nutriments à limiter (acides gras saturés, sels, sucres) favorisent un bon état de santé.

Les propriétés commerciales sont à la base du paiement aux éleveurs et intéressent particulièrement les professionnels des filières animales. Elles dépendent du type de produit. Pour le lait, elles sont fondées sur des critères sanitaires et de composition nutritionnelle. Pour les viandes, poissons et œufs, elles reposent sur des critères de poids, d'aspect et de composition (maigre/gras), voire d'homogénéité du lot d'animaux. De manière générale, elles ne préjugent pas des propriétés perçues par les consommateurs. Bien que le prix des produits animaux n'ait pas été traité à part entière, il a été intégré dans les propriétés commerciales.

Les propriétés technologiques relèvent de l'aptitude de la matière première à la transformation (rendement après salage, fumage, affinage, cuisson, par exemple) et à la conservation, en lien avec sa composition (sensibilité à l'oxydation) et ses modalités de conservation (durée, température, type d'emballage). Elles intéressent essentiellement les producteurs fermiers et les industriels de la transformation.

Les propriétés d'usage renvoient au caractère commode de l'aliment. Les consommateurs favorisent, en général, ceux qui leur font économiser du temps et des efforts : aliments de longue conservation, préparation culinaire facilitée, moindre nettoyage après consommation, etc. Dans la littérature scientifique, les propriétés d'usage sont rarement étudiées par type de produit.

Les propriétés d'image couvrent l'ensemble des étapes et des facteurs d'élaboration de l'aliment. Parmi les critères favorables, on peut citer l'accès des animaux au plein air et au pâturage, une faible densité des animaux, le bien-être animal, les bonnes pratiques environnementales des acteurs aux différentes étapes de la fabrication, l'utilisation d'ingrédients naturels, l'approvisionnement local ou l'origine du produit. Ces propriétés renvoient à des dimensions environnementales, culturelles et éthiques dont l'évaluation s'appréhende plus souvent à l'échelle des systèmes d'élevage, des territoires, des régimes alimentaires ou des systèmes alimentaires, qu'à celle de l'aliment lui-même. Le terme d'« image » n'est pas apparu comme satisfaisant, car pouvant être perçu comme une appréciation subjective. C'est faute d'un autre qualificatif aussi synthétique qu'il a été choisi. À l'instar des autres dimensions, les propriétés d'image reposent bien sur des résultats scientifiquement fondés. Les synthèses récentes qui quantifient les impacts environnementaux de l'élevage aux niveaux local et global se traduisent notamment en propriétés d'image plus ou moins favorables à tel ou tel mode de production. Le cahier des charges et les mentions indiquées sur les étiquettes peuvent garantir ces propriétés.

Les principes et la démarche de l'expertise scientifique collective

CE LIVRE S'APPUIE SUR UNE EXPERTISE SCIENTIFIQUE COLLECTIVE (ESCo), c'est-à-dire un état des lieux critique des connaissances scientifiques publiées. La conduite du travail s'appuie sur une charte dont les principes généraux sont la compétence, l'impartialité, la pluralité et la transparence. Les conclusions ne sont pas des recommandations, mais s'attachent à éclairer la décision publique en dégageant les acquis scientifiques et en pointant les controverses, les incertitudes et les lacunes dans les savoirs.

Le présent exercice a mobilisé 20 experts[4] pendant deux ans. Ils ont été choisis au vu de leurs publications et de la complémentarité de leurs domaines scientifiques. Un peu plus de la moitié des experts travaillaient sur les produits et/ou les filières (1/3 étaient spécialistes des productions, 1/5e de la transformation), et l'autre moitié sur des enjeux transversaux, soit sanitaires (1/4), soit sociaux (1/5e : sociologie, économie, droit). Les recherches publiques sur le sujet relevant, en France, quasiment exclusivement d'INRAE, les experts appartenaient majoritairement à l'institut. Néanmoins, un quart des experts étaient extérieurs, venant de l'université de Liège en Belgique, de l'Agence nationale de sécurité sanitaire de l'alimentation, de l'environnement et du travail (Anses), de l'École nationale supérieure d'agronomie et des industries alimentaires (Ensaia), du Centre national de la recherche scientifique (CNRS) et d'AgroParisTech. Cette pluralité a pour but de prendre en compte la diversité des connaissances et des arguments scientifiques.

Plusieurs règles visent à se prémunir des risques de partialité dans la conduite de l'exercice. Les missions dévolues à la maîtrise d'ouvrage (commanditaires : DGAL, FranceAgriMer) et à la maîtrise d'œuvre (INRAE) sont explicitées par une convention. Jusqu'à la remise du rapport final, les experts travaillent en comité autonome. Les conclusions sont de leur responsabilité. Par ailleurs, ils remplissent des déclarations de liens d'intérêts portant sur les cinq dernières années. Celles-ci sont examinées par une commission déontologique. Aucun conflit d'intérêts individuel n'a été repéré. Collectivement, plus que l'absence d'une catégorie de partenaires, c'est la diversité de ces catégories qui peut prémunir contre d'éventuels partis pris. Enfin et surtout, l'expertise repose sur un dépouillement le plus exhaustif possible de la littérature scientifique internationale afin de prendre en compte la variété des approches scientifiques (17 % des sources proviennent d'INRAE).

L'exploration bibliographique a été faite dans les bases de données *Web of Science* (WoS), PubMed et EconLit en privilégiant les publications les plus récentes : environ 80 % des sources sont postérieures à 2002 et 36 % à 2013. Quelque 3 500 références sont citées dans le rapport représentant 10 000 auteurs. Les chapitres du rapport décrivant la qualité des produits, par espèce animale, mobilisent la majorité des références bibliographiques (60 %), devant la santé et les sciences sociales. Les articles scientifiques forment l'essentiel des citations (2 852 à 92 % référencés dans le WoS). Environ 1/5e des articles sont des synthèses (*reviews*) ou des « méta-analyses », ces dernières

---

4. Composition du comité d'experts en page 168.

constituant l'essentiel des sources en épidémiologie. Les sources proviennent principalement d'institutions scientifiques françaises, européennes, américaines (États-Unis, Canada, Brésil) et d'Asie du Sud-Est. Le nombre de revues scientifiques citées est particulièrement important (687), ce qui illustre l'ampleur du périmètre de l'expertise et la diversité des angles d'approche. *Meat Science* est, de loin, la première revue citée (10 % des articles référencés). Elle est axée sur les produits carnés, couvre de l'amont à l'aval des filières et les différents volets des propriétés, ainsi que l'acceptabilité sociale des produits carnés par les consommateurs.

La littérature dite « grise » comprend essentiellement des rapports émanant de l'Anses, de FranceAgriMer, de l'Institut national de l'origine et de la qualité (INAO), de l'Organisation des Nations unies pour l'alimentation et l'agriculture (FAO) ou de l'OMS. Les sources juridiques sont par ailleurs relativement importantes, réparties entre les cahiers des charges des produits sous signe de qualité et la législation française et européenne appliquée aux produits alimentaires d'origine animale.

Enfin, dans un souci d'information, plusieurs directions des ministères et agences publiques ont été associées à la formulation du cahier des charges de l'expertise et/ou à son suivi (des directions du ministère de l'Agriculture, la direction générale de la Santé, l'Anses et l'Agence de la transition écologique, Ademe). Une consultation des acteurs a eu lieu dans le cadre du Comité national de l'alimentation (CNA). Une douzaine de membres de son groupe de travail « Pour une alimentation favorable à la santé » ont participé à deux réunions, auxquelles ont été associés des acteurs associatifs et des filières aquacoles, sous-représentés au CNA.

1. Tendances de consommation des aliments d'origine animale

Tendances générales

EN FRANCE, SELON L'INSTITUT NATIONAL DE LA STATISTIQUE et des études économiques (Insee), la consommation alimentaire par habitant a augmenté régulièrement en volume depuis cinquante ans. Dans le même temps, sa part du budget des ménages a diminué de moitié[5]. L'alimentation est actuellement le deuxième poste de dépenses (16 %) après les transports et avant le logement. Elle pèse toujours davantage dans le budget des ménages modestes que dans celui des plus aisés. Les motivations des comportements alimentaires sont régulièrement revisitées. Une étude de 2018 (Oudin et Gassie, 2018) en identifie sept qui se superposent parfois de manière paradoxale :

• la personnalisation croissante des consommations en lien avec une responsabilisation des mangeurs vis-à-vis des conséquences de leurs pratiques alimentaires ;

• le développement des enjeux de santé liés aux maladies d'origine alimentaire (obésité, diabète, etc.) ;

• l'accélération des rythmes de vie et une mobilité qui rendent l'alimentation souvent secondaire par rapport à d'autres préoccupations (travail, loisirs, déplacements) ; le temps consacré à la préparation culinaire a ainsi diminué de 4 h/semaine en France, entre 1974 et 2010 ;

• une distanciation physique et cognitive croissante entre mangeurs et producteurs qui se traduit par un besoin accru de transparence, d'informations, et par une recherche de proximité et de reprise en main de son alimentation ;

• la prégnance croissante des enjeux de durabilité, la recherche de nouveaux rapports à la nature ;

• le mouvement de numérisation de nos sociétés ;

• des préoccupations de pouvoir d'achat qui restent fortes pour une grande partie de la population.

---

5. Insee : cinquante ans de consommation alimentaire, https://www.insee.fr/fr/statistiques/1379769 (consulté en mai 2020).

Consommation par catégories de produits

LA PART DES PRODUITS ANIMAUX DANS LA DIÈTE FRANÇAISE est deux fois plus importante en France que dans la moyenne mondiale et supérieure à la moyenne européenne. La tendance récente est néanmoins à la baisse ou à la stagnation (figures 1.1 et 1.2).

Figure 1.1. Évolution des consommations de viandes, d'œufs, de produits de la mer et de produits laitiers entre 1970 et 2013 en Europe et entre 1970 et 2017 en France.

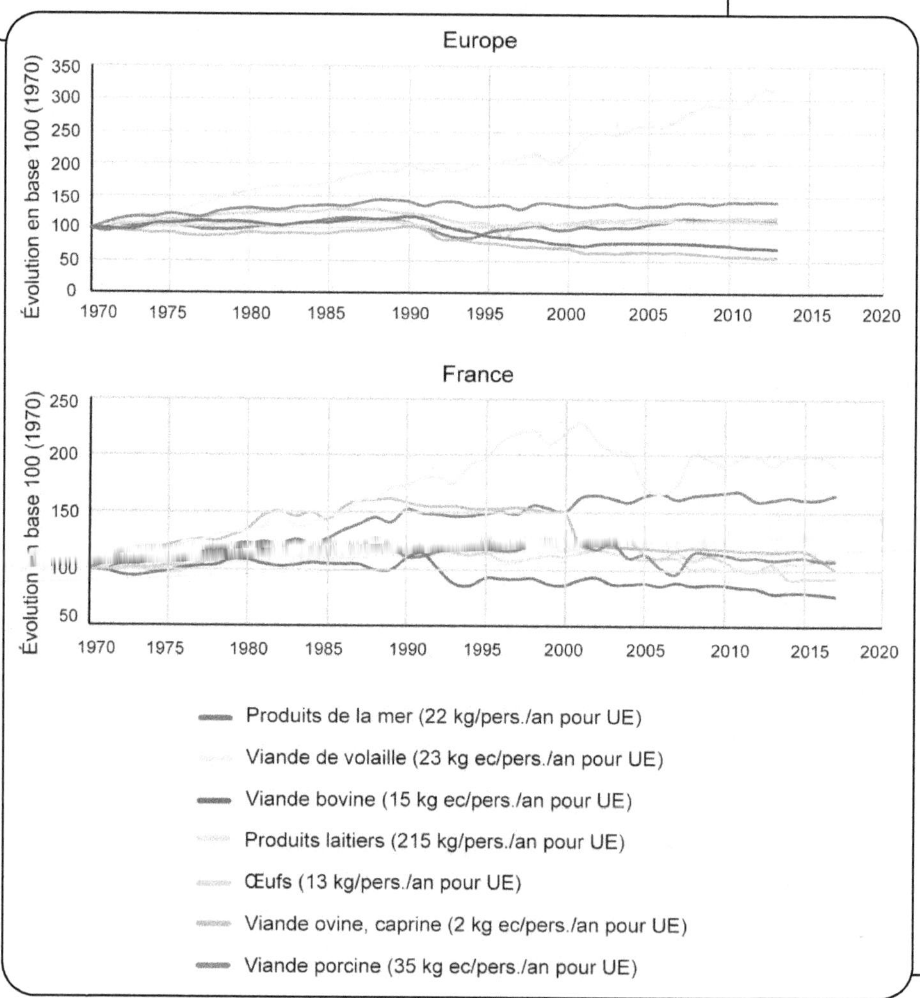

ec : équivalent-carcasse.
Source : calculs à partir du site Our world in data.

En France, la consommation moyenne annuelle de viande mesurée en kilogramme équivalent-carcasse par habitant et par an (encadré 1.1) a ainsi augmenté de 16 kg entre 1973 et 1998, atteignant un pic à 93,6 kg ec/hab/an, puis a reculé de 7,6 kg sur les vingt dernières années (FranceAgriMer, 2018a). Au sein des viandes, les volailles progressent au détriment des autres viandes. Les viandes bovines et ovines connaissent le plus fort recul. Si la consommation de viande reste un marqueur social, une revue de la littérature souligne que le prix a perdu sa suprématie dans les critères d'achat : la demande en porc et en bœuf, ou le report vers la volaille, varie dorénavant davantage sous l'effet de critères sociologiques, culturels ou générationnels. Ces tendances se retrouvent dans de nombreux pays riches (Clark *et al.*, 2017). Concernant les produits laitiers, la consommation de fromages est relativement stable depuis une vingtaine d'années après une période de croissance, alors que les consommations de lait et de beurre diminuent depuis les années 1980. La consommation d'œufs diminue légèrement.

Figure 1.2. Répartition de la consommation par groupes d'aliments en 2013 dans le monde, en Europe et en France.

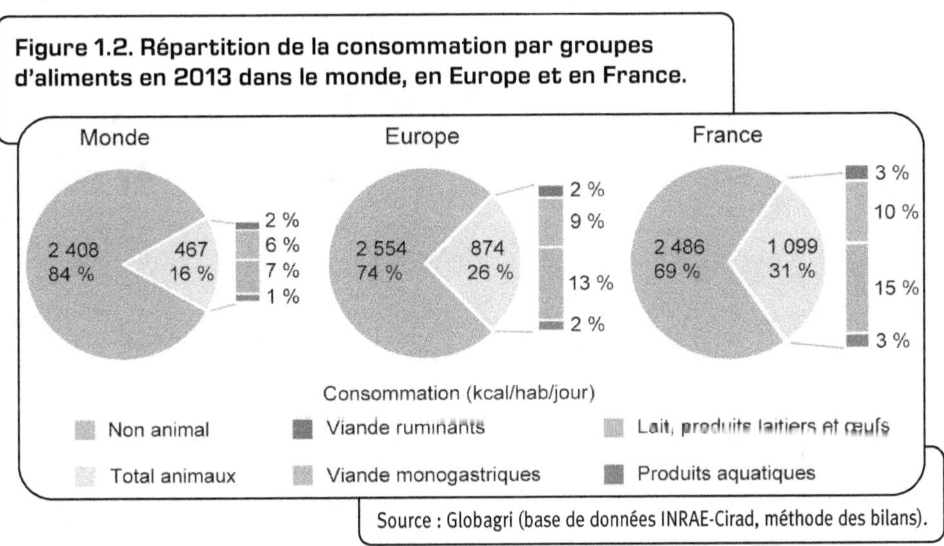

Source : Globagri (base de données INRAE-Cirad, méthode des bilans).

Les jeunes représentent la classe d'âge qui consomme le plus de produits carnés (figure 1.3). Comparativement aux autres classes d'âge, les jeunes mangent plus de volailles et nettement moins de charcuteries. Quel que soit l'âge, les produits tripiers ne sont presque plus consommés. La fréquence de consommation de viande dépasse, en moyenne, une fois par jour dans toutes les classes d'âge.

Figure 1.3. Quantités et fréquences de consommation des viandes selon les classes d'âge.

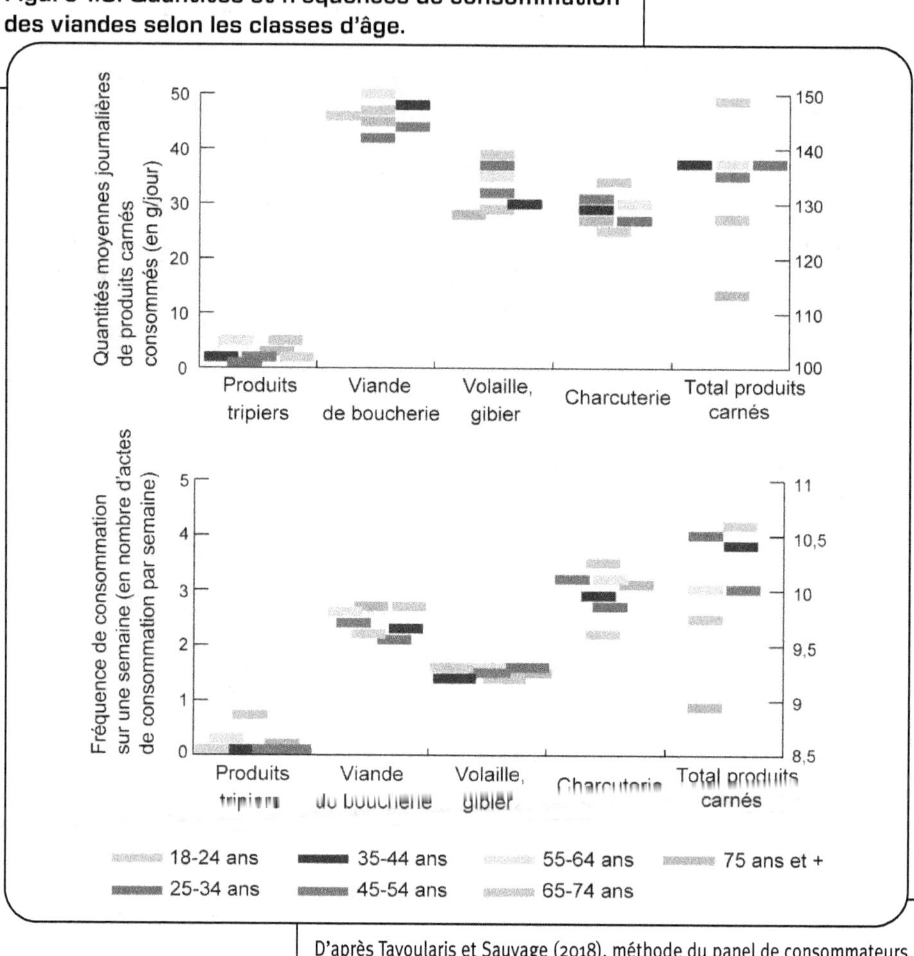

D'après Tavoularis et Sauvage (2018), méthode du panel de consommateurs.

Encadré 1.1. Comment mesure-t-on la consommation ?

Il existe trois façons de mesurer la consommation.

La méthode des bilans

C'est la méthode de référence utilisée par les services statistiques (FAO, Eurostat). Pour la viande, le calcul se fonde sur les carcasses : consommation = tonnage carcasses – exportations + importations +/– variation de stock. Cette consommation dite « apparente » couvre tous les circuits de commercialisation (consommation à domicile et hors foyer). Les quantités sont exprimées en kilogramme équivalent-carcasse par habitant et par an (kg ec/hab/an). Pour se rapprocher de la quantité réellement consommée, il faut appliquer un coefficient de rendement en viande afin de soustraire les parties non consommées. À titre d'exemple, la consommation française de viande bovine en 2017 était de l'ordre de 23 kg ec/hab/an, le coefficient de rendement (sans os sauf pour les côtes et le pot-au-feu) est évalué à 67 %, ce qui correspond à environ 15 kg de viande bovine nette annuelle consommée par habitant. Ce coefficient de rendement dépend de l'espèce (76 % pour les agneaux, 75 % pour les volailles, 86 % pour le porc, source FranceAgriMer).

La méthode des panels de consommateurs

Elle est utilisée par des sociétés privées (Kantar et Nielsen par exemple) qui interrogent un échantillon constant de ménages représentatifs de la population française, à qui il est demandé de faire un relevé systématique de leurs achats sur une période de quatre ans. Par définition, cette source ne couvre pas la consommation hors foyer. Les résultats sont extrapolés à l'ensemble de la population française. Cette source présente l'intérêt de mesurer des évolutions rapides, de caractériser les ménages acheteurs et de connaître les prix des produits achetés. Elle n'est pas utilisée pour les études en nutrition/santé, car les données ne prennent pas en compte la totalité de la consommation (hors domicile). Elle ne tient pas non plus compte de ce qui est gaspillé (estimé à 20 %).

Les évaluations par des enquêtes nutritionnelles

Elles sont réalisées en France, d'une part, par l'Anses et Santé publique France, qui mènent régulièrement une étude individuelle nationale des consommations alimentaires (INCA et Esteban, respectivement) et, d'autre part, par le Credoc, qui conduit tous les trois ans une enquête sur les comportements et consommations alimentaires en France (CCAF). Quelque 1 500 ménages (2016) renseignent pendant sept jours un carnet de consommation où sont notés les quantités consommées et les lieux de consommation. Les personnes enquêtées estiment les quantités ingérées à partir d'un portionnaire photographique standardisé où des plats sont présentés. Les informations sont extrapolées pour la population française. Elles sont généralement exprimées en g/j. Les données sont normalisées et, bien que déclaratives, se révèlent fiables.

Les estimations de consommation obtenues à partir des enquêtes alimentaires et des données de bilan présentent une bonne concordance. Les données FAOSTAT de 2013 évaluent la consommation moyenne individuelle de viande à 167 g ec/hab/j. Si on y applique un coefficient de rendement viande ($\times$ 0,67) et qu'on retire les pertes et gaspillage ($\times$ 0,8), on obtient 89,5 g viande/hab/j. L'enquête CCAF de la même année (2013) évalue la consommation de viande à un chiffre voisin : 88 g/j répartis entre 53 g/j de viande de boucherie (viandes bovine, ovine, porcine sauf volailles) et 35 g/j de charcuterie par habitant.

▌ Forte progression des aliments « prêts à l'emploi »

Laits, viandes et chair de poissons sont hautement périssables et donc principalement vendus en portions. Les industries agroalimentaires ont largement facilité leur consommation en développant leur offre de plats préparés et cuisinés à base de produits animaux, soit pour un usage au domicile, soit pour la restauration hors foyer. Les supermarchés français référencent ainsi quelque 44 000 produits transformés à base de produits animaux (Observatoire de la qualité des aliments, Oqali, 2018). Les produits transformés à base de lait et d'œufs (incluant la biscuiterie) sont les plus nombreux, suivis par ceux à base de porc, puis de poulet et de bœuf.

L'analyse des dépenses des ménages à domicile apporte une indication sur la répartition et l'évolution de la consommation des différents types d'aliments d'origine animale (figure 1.4). Les sandwiches et les pizzas fraîches représentent ainsi une petite fraction des produits transformés consommés, mais c'est celle qui connaît la plus forte croissance sur la période récente. Les plats préparés progressent beaucoup, tandis que les conserves et les produits transformés traditionnels ont tendance à stagner. Les produits prêts à l'emploi épargnent du temps et des tâches, les rendant particulièrement adaptés à la vie active. Cet atout s'est accompagné d'une perte des savoir-faire culinaires qui apparaît aujourd'hui préjudiciable pour soutenir des changements vers une alimentation plus saine et plus durable (Duchène *et al.*, 2017).

Or la transformation et l'évolution de la consommation conduisent à deux formes d'invisibilité. La première, décrite de longue date, souligne la « désanimalisation » de ces aliments (Fourat et Lepiller, 2017) : les parties les plus proches de l'animal vivant (oreilles, pieds) ne sont plus consommées brutes, la consommation de viandes rouges qui rappellent le sang régresse au profit des viandes blanches, les jambons sont désossés et redessinés en rond, les *nuggets* et *wings* ressemblent à des frites, les cordons bleus sont panés, la viande est hachée ou prédécoupée dans les plats préparés, etc. La deuxième invisibilité concerne la contribution des nutriments d'origine animale dans le régime alimentaire. La part des ingrédients d'origine animale dans les produits transformés « à base de » produits animaux varie beaucoup, y compris pour un même produit. La teneur en viande des plats préparés peut, par exemple, varier du simple au quintuple[6]. De plus, presque la moitié des volumes de lait et d'œufs sont consommés sous la forme d'ingrédients présents dans des produits très divers. Dans les biscuits, les protéines sont ainsi généralement d'origine laitière. Dans le recensement de l'Observatoire de la qualité des aliments, on trouve ainsi 15 000 références d'aliments contenant des œufs et près de 20 000 du lait. La contribution énergétique de ces ingrédients au régime alimentaire n'est pas connue. On sait que les produits transformés représentent environ 50 % du régime alimentaire global d'un adulte et 70 % de celui d'un enfant en termes massiques (INCA 3 ; Anses, 2017).

---

6. Voir : www.clcv.org/alimentation-enquetes/quantite-de-viande-qualite-nutritionnelle-que-valent-vraiment-les-plats-prepares-a-base-de-boeuf, intervalles de teneur en viande : lasagnes = [5 %-27 %], raviolis = [4 %-37 %], hachis Parmentier = [12 %-32 %] (consulté en mai 2020).

Figure 1.4. Part relative de plusieurs catégories d'aliments transformés contenant des produits animaux dans la consommation moyenne des ménages français, en volume (2017) et tendance d'évolution de leur consommation entre 1973 et 2017 (base 100 en 1973, prix chaînés, base 1994).

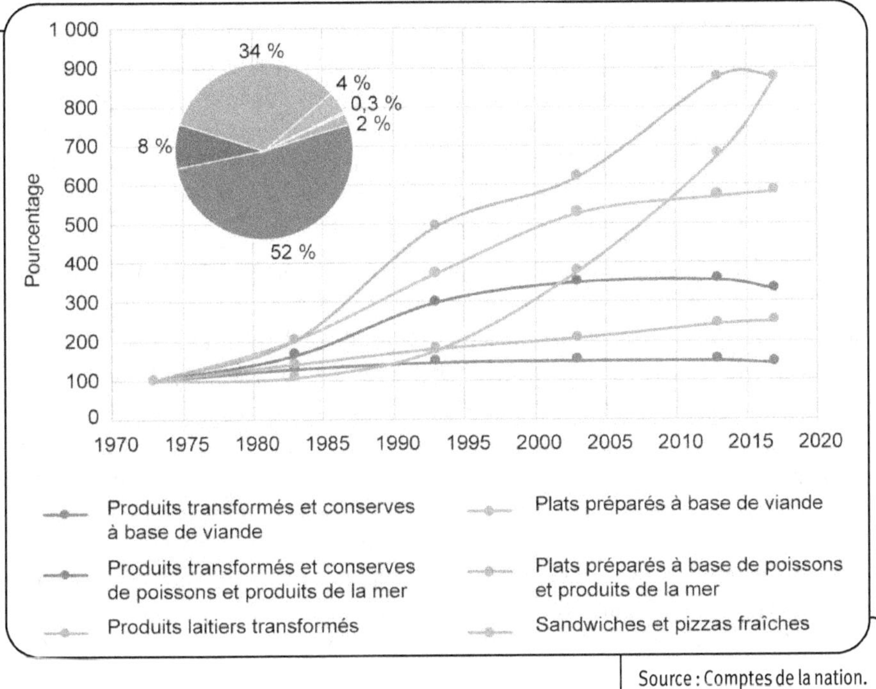

Source : Comptes de la nation.

▌ Caractéristiques des produits consommés selon les espèces

En viande bovine, la viande hachée représente dorénavant 45 % de la viande consommée, les morceaux à la coupe 43 % et les plats préparés 12 %. La viande hachée vendue en frais est d'ailleurs le seul segment du marché de la viande bovine qui progresse : + 14 % entre 2010 et 2017, alors que les pièces à rôtir ou à bouillir reculent, respectivement de 14 % et 23 %. Le burger n'est plus associé à l'image de la « malbouffe » et intègre de plus en plus les cartes de la restauration traditionnelle. Les grandes et moyennes surfaces vendent la moitié des volumes de morceaux à la coupe et en viande hachée, les boucheries 10 %, tandis que la restauration hors domicile totalise un quart des volumes et est en hausse. La vente directe reste rare, 3 %. Les importations représentent un peu moins d'un quart de la consommation totale française en viande bovine. Les viandes importées approvisionnent surtout la restauration collective[7] ; la quasi-totalité des importations proviennent de l'UE à 28

---

7. Depuis 2011, un décret autorise tout acheteur public de privilégier, à égalité d'offre, les circuits courts (un seul intermédiaire).

(2 % des pays tiers, FranceAgriMer, 2019). Enfin, la viande bovine consommée en France est issue pour moitié du cheptel allaitant et pour l'autre du troupeau laitier.

La viande de porc est la principale viande consommée en France et en Europe. Les trois quarts de la viande de porc sont consommés sous forme de charcuteries. Les principaux produits sont le jambon et l'épaule cuits (21 %), les saucisses (22 % environ) et saucissons secs (10 %), les viandes salées, séchées, fumées (15 %), les pâtés et rillettes (10 %) et les produits de traiteur et conserves (16 %). Le Code des usages de la charcuterie, de la salaison et des conserves de viandes[8] recense plus de 450 spécialités charcutières. La France – comme l'Italie – importe beaucoup de jambons frais pour sa production de jambons cuits et secs. Elle importe par ailleurs des charcuteries cuites, en provenance d'Allemagne, et des charcuteries sèches, en provenance d'Espagne et d'Italie. La grande variété de produits contraste avec la faible diversité de l'offre en viande fraîche porcine où les côtelettes, la longe (rôti) et le filet mignon constituent l'essentiel des ventes, surtout en grande distribution.

La consommation de viande de volaille progresse, surtout les « élaborés de volailles » (panés, *nuggets*, etc.) qui avoisinent un tiers des achats de volailles. En revanche, les volailles entières ne représentent plus qu'un quart des achats des ménages. La part des découpes reste stable, autour de 47 %, les filets (le « blanc ») étant le morceau le plus prisé. Environ 70 % de la viande de poulet consommée en restauration hors foyer est importée.

La consommation de viande ovine est modeste en France, où plus de la moitié de la viande consommée est importée. Son attractivité est faible chez les jeunes (les moins de 35 ans représentaient 6 % des consommateurs en 2016, FranceAgriMer 2018a). Par ailleurs, l'offre en produits transformés est peu variée. De plus, la production de lait et de viande d'agneau est généralement saisonnière (sauf à employer des races qui se dé-saisonnent ou des traitements hormonaux). À l'échelle européenne, le type de viande consommée et les systèmes d'élevage apparaissent plus diversifiés : depuis de très jeunes agneaux issus d'élevages laitiers (Espagne) jusqu'à des animaux adultes (Royaume-Uni), depuis l'élevage à l'herbe jusqu'à l'élevage en bâtiments. La filière ovine a une image de naturalité et bénéficie d'un grand nombre de signes de qualité. Les importations européennes proviennent majoritairement de Nouvelle-Zélande et celles françaises, du Royaume-Uni.

Les poissons d'élevage représentent 22 % de la consommation en poissons en France (5,3 kg issus de pisciculture ; FranceAgriMer, 2018b) contre 53 % en moyenne dans le monde. Ils sont en grande partie issus d'importations : saumon de Norvège, bar et daurade de Grèce, Espagne et Turquie. La truite arc-en-ciel est la principale espèce élevée en France. Les poissons consommés en France sont donc principalement issus de la pêche. Leur consommation augmente régulièrement, tout comme celle des autres produits de la mer (environ 10 kg/hab/an de coquillages, crustacés et céphalopodes).

Le lait représente environ 10 % de la consommation totale de produits laitiers en France. Il s'agit généralement de lait de vache. Entre 1975 et 1995, les laits demi-écrémés et écrémés ont remplacé presque complètement le lait entier. Néanmoins, alors que les consommations des deux premiers ont baissé récemment, celle du lait entier est stable. Les fromages

---

8. Voir : https://www.code-des-usages-charcuterie.fr/ (consulté le 29/12/2020).

sont le premier débouché du lait (un tiers du volume environ), mais la part des yaourts et autres desserts lactés a presque triplé en trente ans. Les composants du lait servant d'ingrédients alimentaires représentent dorénavant un quart des débouchés du lait. Notons que les Français consomment plus de beurre (7 % du volume total) que leurs voisins européens.

La consommation d'œufs reste globalement stable. Les Français consomment quelque 219 œufs par an (30 g/jour ; Nys *et al.*, 2018), correspondant environ à la moyenne européenne. Les ménages français achètent 42 % des œufs consommés ; l'autoconsommation est assez importante (6 %) et 11 % des œufs sont consommés en restauration hors domicile. Les ovoproduits utilisés par l'industrie dans les plats cuisinés ou les produits transformés représentent 41 % du volume total. Ce pourcentage est environ le double de la moyenne européenne[9]. Les ovoproduits sont des solutions pratiques, tant pour l'industrie alimentaire que pour la restauration. Les œufs durs écalés sont le premier produit en restauration collective, puis les préparations pour omelettes (catégorie non standardisée) fabriquées à partir d'œufs entiers, auxquels peuvent être ajoutés du lait ou des garnitures de fromage, lardons, légumes, etc. Si, en France, les consommateurs n'achètent que des œufs de consommation (vendus dans leur coquille) pour leur alimentation domestique, des ovoproduits cuisinés en vue d'un usage domestique sont commercialisés en supermarchés dans les pays anglo-saxons.

▌ Produits animaux sous signe de qualité et d'origine

Ont été analysés les produits sous signe officiel de qualité et d'origine, les SIQO, non les marques collectives et privées. Ces dernières peuvent cependant représenter des volumes de marché importants. Les statistiques de consommation des produits sous SIQO ne sont ni facilement accessibles, ni standardisées à l'échelle européenne. L'information sur l'Agriculture biologique (AB) est souvent distincte de celle des autres signes de qualité. Lorsque les données de consommation ne sont pas disponibles, celles de la production indiquent les tendances à l'œuvre.

La consommation d'aliments d'origine animale issus de l'agriculture biologique est généralement faible, mais en forte hausse (tableau 1.1). La hausse concerne surtout le lait, les produits laitiers et les œufs. La part du lait bio dans les productions nationales européennes varie entre 15 % en Autriche et 3 % en France et en Allemagne (données 2016). La hausse de la consommation est cependant forte partout (soutenue par la demande chinoise en lait infantile bio). Le Danemark et l'Autriche exportent près de la moitié de leur collecte de lait bio vers le reste de l'Union européenne. La part de viande bio est très faible, mais augmente fortement depuis quelques années. La France est le premier marché européen, avec environ 3 % du marché (en €) en bio. L'offre en viande porcine bio est inférieure à la demande. L'Allemagne importe ainsi un tiers de sa consommation en viande porcine bio. La législation européenne sur l'aquaculture biologique est récente (2010). En 2016, la quasi-totalité du saumon d'élevage irlandais est labellisée bio et s'exporte vers la France et l'Allemagne.

---

9. Voir : https://www.itavi.asso.fr/download/10325 (consulté le 29/12/2020).

Tableau 1.1. Données sur la consommation et la production de produits d'origine animale issus de l'agriculture biologique à l'échelle de l'Union européenne (UE), de la France et d'autres États membres quand on dispose de données.

Filière AB	UE (2016)	France (2017)	Autres pays européens (2016)
Produits laitiers	3,4 % du cheptel 2,7 % de la collecte totale	5,4 % du cheptel 12 % de la consommation nationale de produits laitiers	Autriche : 7 % de la consommation en produits laitiers, 15 % de la collecte de lait Suède : 10 % de la consommation en produits laitiers, 1 % de la collecte nationale en lait Danemark : 31 % de la consommation en produits laitiers, 9 % de la collecte nationale en lait
Viande bovine	4,5 % du cheptel	4,1 % du cheptel 1,8 % de la consommation mais avec une croissance d'environ + 50 % sur 5 ans	Allemagne : 21,8 % du cheptel national (dépendant des importations)
Viande ovine	5 % du cheptel (laitier et allaitant)	5,5 % du cheptel français (laitier et allaitant)	Royaume-Uni : plus grand cheptel ovin bio, mais 2,5 % du cheptel ovin national Estonie : 50 % du cheptel ovin national
Viande porcine	0,7 % du cheptel	0,5 % du cheptel ; croissance de + 50 % sur 5 ans, qui s'accélère	Danemark : 0,9 % du cheptel national Allemagne : 0,7 % du cheptel national
Volaille	19,8 millions de poules pondeuses	11 millions de poulets de chair 2,9 % des parts de marché (2015)	Allemagne : 2,5 % parts de marché volaille (2015)
Œufs		8,8 % du cheptel 26,5 % des parts de marché	Allemagne : premier producteur d'œufs bio UE 10,9 % du cheptel national, 11 % d'œufs bio sont importés Danemark : 18 % du cheptel national
Poisson	12 % de la production 1 % poisson et fruits de mer consommés	2 à 3 % de la production (jusqu'à plus de 7 % pour les espèces marines)**	Irlande : 92 % de la production, fort export Écosse : 2,3 % de la production

* CA : chiffre d'affaires ; ** source : https://www.natexbio.com (consulté le 02/12/2020).
Sources : Eurostat, Agreste, INAO.

Les autres signes officiels de qualité ont des poids très variables. En France, les produits piscicoles sont la catégorie de produits ayant le plus fort pourcentage de produits sous SIQO hors bio (37 %) devant les viandes ovines et volailles (10 %) (tableau 1.2). Les données sont lacunaires au niveau européen : on ne connaît pas les volumes commercialisés, seulement le nombre de SIQO par catégorie (tableau 1.3). Les Spécialités traditionnelles garanties (STG) à base de produits animaux sont peu nombreuses, mais peuvent concerner de grands marchés, comme le jambon Serrano d'Espagne. Les fromages européens sous signe de qualité sont très nombreux. L'Italie et la France en détiennent plus de la moitié. Les fromages français sous AOP (Appellation d'origine protégée) représentent ainsi 15 % de la consommation totale en volume et 25 % en valeur (Nozières-Petit *et al.*, 2018).

Tableau 1.2. Volume des produits animaux sous signe officiel de qualité et d'origine, SIQO, en France.

Types de produits	Part en volume par filière (2017, en % tonnes)				
	AB[1] (2018)	AOP[2]	IGP[3]	LR[4]	Total SIQO hors AB
Produits laitiers (total)		2,7	0,3	0	3,0
Fromages	3	10,1	1,3	0	11,5
Crèmes et beurres		4,5	0,2	0	4,7
Viande bovine	2	0,1	0,9	1,5	2,5
Viande porcine	1	0,1	0,4	2,0	2,5
Charcuteries		0,0	2,6	1,2	3,8
Viande ovine	2	0,1	5,0	5,1	10,2
Viande de volaille	1	0,1	0,2	9,7	10,0
Œufs	12	0,0	0,5	3,3	3,8
Pêche et aquaculture	2	3,9	28,4	4,4	36,7

1. AB : Agriculture biologique.
2. AOP : Appellation d'origine protégée.
3. IGP : Indication géographique protégée.
4. LR : Label rouge.
Remarque : ces proportions peuvent varier selon la méthodologie de recensement et l'unité utilisées.
Source : INAO (données 2017) et Eurostat (données 2018) pour l'AB.

Tableau 1.3. Nombre de produits sous Appellation d'origine protégée (AOP), sous Indication géographique protégée (IGP) et sous Spécialité traditionnelle garantie (STG) enregistrés dans l'Union européenne.

Nombre de produits enregistrés sur DOOR* (2019)	AOP/IGP	STG
Viande et abats frais	165	3
Produits à base de viande	181	16
Fromages	239	7
Autres produits d'origine animale (œuf, miel, etc.)	47	5
Huiles et matières grasses (beurre, margarine, huile, etc.)	135	1
Poissons, mollusques, crustacés frais et produits dérivés	50	3

* Database Of Origin and Registration
Source : Commission européenne, 2019.

Signe de qualité spécifique à la France, le Label rouge (LR) a été lancé dans les années 1950 en réaction contre l'élevage standard de poulets à croissance rapide. Ce SIQO est surtout présent en volailles (tableau 1.2). Aujourd'hui, deux tiers des poulets vendus en carcasse entière sont estampillés Label rouge, tandis que le poulet standard se positionne sur la découpe et les plats élaborés (12 % seulement en LR). Globalement, un quart de la viande de volailles consommée en France bénéficie d'un signe de qualité. Les poulets issus de l'AB sont en retrait par rapport au Label rouge (10 % des poulets prêts à cuire et 4 % des morceaux découpés), ce qui peut s'expliquer par l'antériorité du second, l'alignement de leurs cahiers des charges en France et le coût supérieur des rations alimentaires issues de l'AB. Enfin, la législation européenne autorise l'utilisation de mentions valorisantes, telles que les qualificatifs « de montagne » ou « fermier ». Les produits laitiers sont les plus concernés avec environ 11 % du lait de vache européen produit dans les zones de montagne. Et si le volume de lait de vache fermier est faible (6 %), la part de lait de chèvre fermier atteint 27 % (Idele, 2018).

Comportements des consommateurs

▌ Rapport aux risques alimentaires et défiance

Alors que les risques sanitaires liés à l'alimentation étaient jusqu'au XIXe siècle situés dans l'environnement naturel, ils sont dorénavant associés aux interventions humaines. Depuis la crise de la vache folle (encéphalopathie spongiforme bovine), qui a débuté à cause de farines animales insuffisamment chauffées en vue d'abaisser le coût de leur fabrication, la méfiance envers l'élevage est devenue la norme. Même les maladies infectieuses, telles que les influenza aviaires qui ont touché les volailles en 2017 ou la peste porcine africaine en 2019, ont soulevé des critiques sur les modes de production et la gestion des marchés plutôt que de renvoyer à la fatalité d'une épidémie. Sans être généralement associées à des risques sanitaires, les fraudes qui entachent les filières agroalimentaires animales accentuent une certaine défiance envers les aliments d'origine animale. La crise des lasagnes de bœuf substitué par de la viande de cheval relevait, par exemple, d'une vaste tromperie à l'échelle européenne, sans pour autant faire encourir de risques sanitaires aux consommateurs. De même, le scandale de 2019 sur des élaborés de volailles destinés à l'aide alimentaire portait avant tout atteinte à la morale. Ces scandales et crises érodent durablement la confiance des consommateurs (Jauneau *et al.*, 2016). Les médias jouent un rôle clé dans l'information des consommateurs. La frise chronologique (figure 1.5) synthétise les principaux événements sanitaires et politiques qui ont marqué les vingt-cinq dernières années.

▌ Regagner la confiance des consommateurs

La restauration de la confiance s'est progressivement imposée comme un enjeu majeur des stratégies commerciales des filières agroalimentaires animales. Elle suit des orientations différentes décrites ici.

La certification est la démarche la plus classique : elle est généralement motivée par des enjeux économiques, environnementaux ou sociaux afin de valoriser des agricultures locales ou des pratiques d'élevage particulières. Le fait de garantir au consommateur des produits respectant un cahier des charges participe à la confiance envers le produit. Le cahier des charges peut être défini par un acteur privé qui en fait un vecteur de réputation ou par les pouvoirs publics lorsqu'il s'agit de signes officiels (SIQO). L'étiquetage et les logos en sont les supports de communication. L'efficacité de ces labellisations suppose l'adéquation entre les cahiers des charges et les attentes des consommateurs, qui évoluent rapidement. Les acteurs des filières font pression, de leur côté, pour y intégrer leurs intérêts. Les professionnels de la transformation remettent ainsi régulièrement en débat la pertinence de la mention de l'origine, laquelle préserve les spécificités des terroirs, mais limite leur bassin d'approvisionnement.

La médicalisation de l'alimentation : les sociologues et anthropologues de l'alimentation montrent que, depuis 1990, l'alimentation s'imbrique de plus en plus dans la sphère médicale. Historiquement associée à une éthique individuelle d'inspiration protestante chez les Anglo-Saxons, cette tendance semble acquérir une dimension plus altruiste appréhendant la santé globale des humains, des animaux et de l'environnement (Adamiec, 2015). L'attention accordée à la promotion de régimes alimentaires « sains et durables » donne à voir cette hybridation des enjeux.

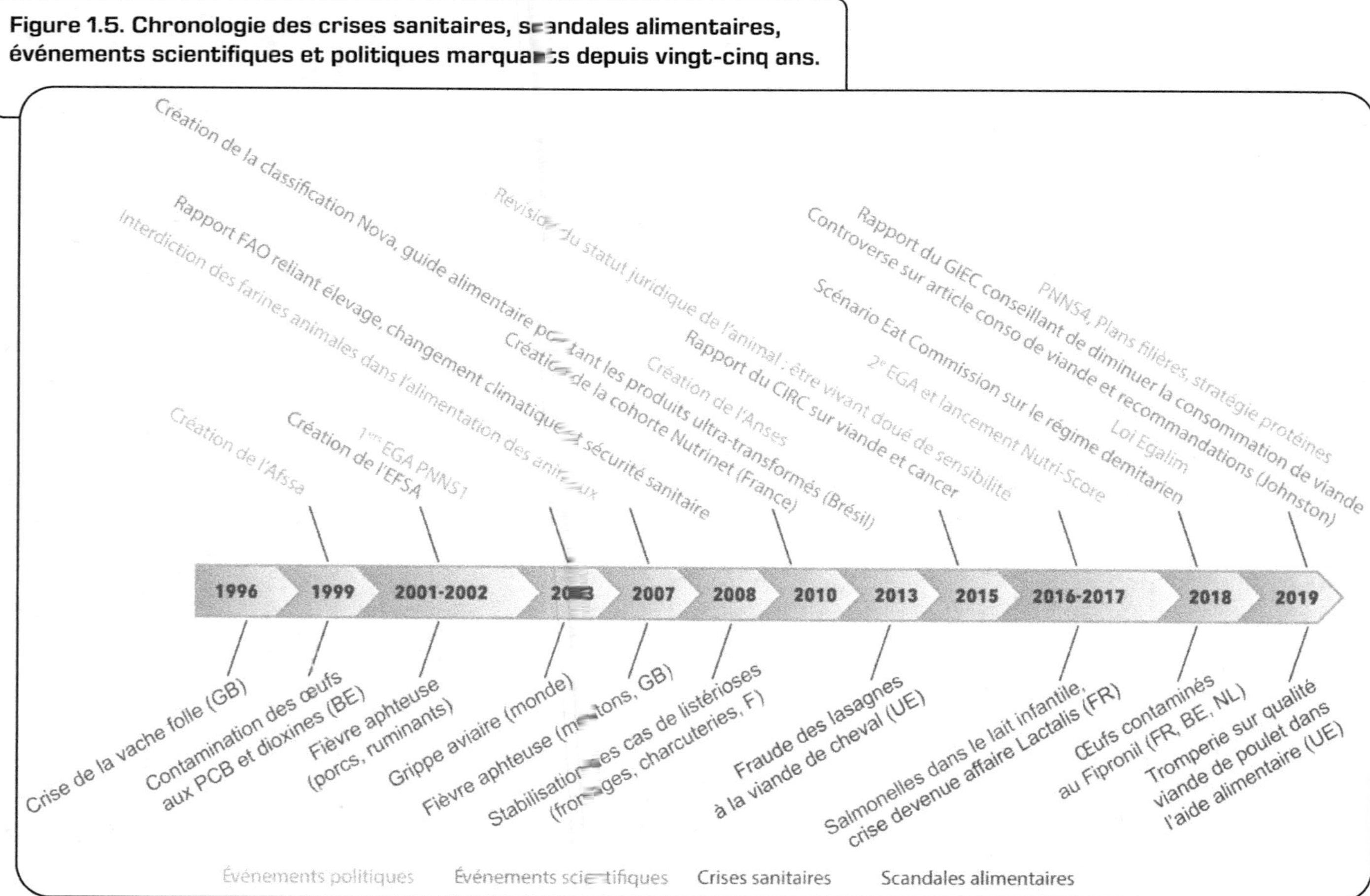

Figure 1.5. Chronologie des crises sanitaires, scandales alimentaires, événements scientifiques et politiques marquants depuis vingt-cinq ans.

La quête de naturalité : que ce soit dans les représentations sociales de l'alimentation ou à des fins de marketing, les aliments qualifiés d'« industriels » sont opposés à ceux qualifiés de « naturels », non artificialisés. Cette forte opposition est néanmoins régulièrement mise à l'épreuve. Le lait, par exemple, fait figure d'aliment naturel alors qu'il subit des traitements qui modifient fortement sa composition et ses propriétés (homogénéisation, pasteurisation, UHT). La rhétorique de la naturalité s'appuie souvent sur une naturalisation des techniques traditionnelles (Lepiller, 2016). C'est le cas du fromage. Les procédés alimentaires pourraient ainsi soit dénaturaliser les aliments, soit sauvegarder leur caractère naturel ou « vivant ». Les produits bio s'inscrivent dans cette recherche de naturalité (en plus de la santé).

Le développement des circuits courts : la diversification des modes de distribution, dont le développement des plateformes en ligne reliant producteurs et acheteurs, et la montée en puissance des projets alimentaires territoriaux facilitent le développement de réseaux d'approvisionnement directs ou locaux[10]. La vente directe concerne moins les produits animaux que végétaux, mais ils bénéficient de la forte progression globale des circuits courts. La proximité et l'interconnaissance améliorent la confiance envers les aliments. Les élevages de petits ruminants sont les plus concernés par la vente directe à la ferme (Soliman, 2018) : près de la moitié des éleveurs de chèvres vendent directement leurs produits laitiers (42 %), nettement moins la viande des animaux (12 %). En deuxième position, 16 % des élevages de brebis laitières vendent à la ferme, et 20 % des élevages ovins viande.

Enfin, notons que le rapport aux aliments d'origine animale revêt une dimension politique et morale. La consommation ou la non-consommation des produits animaux cristallisent des revendications et sont devenues depuis une décennie un élément important de contre-cultures émergentes. Sur internet, comme dans la société, des communautés de consommateurs se reconnaissent dans des choix qui s'écartent des normes, défendent certains moralismes ou contre-moralismes. Les mouvements « anti-lait » par exemple résistent aux injonctions nutritionnelles qui recommandent de manger des produits laitiers. Les mouvements de « consomm'acteurs bio » et « locavores » dénoncent l'industrialisation et le libéralisme mondialisé des marchés alimentaires. Le végétarisme et le végétalisme s'accompagnent généralement d'un engagement moral contre l'exploitation des animaux. Ils ne se doublent en revanche pas systématiquement d'une remise en cause des modèles agro-alimentaires industriels. Les différents mouvements divergent quant au crédit à accorder aux innovations techniques disruptives telles que la viande produite *in vitro*. Touchant la population au-delà de ces mouvements revendicatifs, la crise de confiance envers l'alimentation incite globalement à reconsidérer les conditions d'élaboration des produits depuis l'élevage jusqu'à la formulation des aliments.

---

10. Voir : https://www.rmt-alimentation-locale.org/ (consulté en mai 2020).

2. Effets sur la santé

CE CHAPITRE EXAMINE, SOUS TROIS ANGLES, les principales relations entre la consommation d'aliments d'origine animale et la santé humaine. Le premier concerne la couverture des besoins nutritionnels humains. Le deuxième couvre la sécurité sanitaire, en abordant la question des maladies alimentaires d'origine microbiologique, d'une part, et les contaminations chimiques, d'autre part. Le troisième analyse les associations positives ou négatives entre le niveau de consommation de groupes d'aliments d'origine animale et le développement de maladies chroniques liées à l'alimentation.

Contribution à la couverture des besoins nutritionnels humains

UNE LITTÉRATURE SCIENTIFIQUE ABONDANTE analyse l'adéquation des aliments d'origine animale avec leur utilisation par l'organisme pour couvrir ses besoins en nutriments. L'annexe I indique la composition moyenne des produits étudiés dans l'expertise. La variabilité de cette composition selon les conditions d'élevage et de transformation sera examinée dans les chapitres suivants. La comparaison des apports nutritionnels entre aliments d'origine animale et végétale et entre régimes omnivores et végétariens fait débat dans la communauté scientifique (voir « Orientations pour la consommation et approches bénéfices-risques », p. 50). Nous verrons dans le chapitre 3 que les conditions d'élevage modulent peu les teneurs en protéines et le profil en acides aminés (stables) des produits animaux, alors qu'elles peuvent fortement influencer la teneur en lipides et le profil en acides gras. Les opérations de transformation et la formulation des aliments (chapitre 4) peuvent modifier fortement leur composition, entraînant parfois d'importantes pertes en nutriments.

▎ Niveau élevé de protéines au profil équilibré

Les protéines sont impliquées dans de multiples régulations métaboliques. Leur synthèse dans l'organisme dépend des acides aminés présents dans les protéines ingérées. Celles provenant des produits animaux sont riches en acides aminés indispensables (histidine, isoleucine, leucine, lysine, méthionine, phénylalanine, thréonine, tryptophane et valine) qui ne peuvent pas être synthétisés *de novo* par l'organisme et doivent donc être apportés par l'alimentation. L'équilibre entre ces acides aminés est en très bonne adéquation avec les besoins de notre organisme, du fait de la proximité physiologique entre animaux et humains. Les protéines d'origine animale sont de plus très digestibles (pour la viande, la digestibilité est supérieure à 90 %, en raison d'absence d'enveloppe comme dans les graines, par exemple), elles sont donc considérées comme efficaces pour couvrir les besoins protéiques des humains.

Cette efficacité perd néanmoins son caractère essentiel dans le cadre d'une alimentation pléthorique, comme celle des Occidentaux du XXIᵉ siècle dont la consommation de protéines dépasse largement les besoins. Les Français consomment de l'ordre de 1,4 g de protéines par jour et par kg de poids corporel, alors que leurs besoins nutritionnels sont évalués entre 0,8 et 1,2 g/j/kg de poids corporel (la fourchette haute correspond aux besoins des sportifs et des femmes qui allaitent). Une attention particulière doit cependant être apportée aux populations ayant des risques de déficits, les personnes précaires et des 3e et 4e âges notamment. Enfin, l'OMS recommande d'équilibrer la part des protéines d'origine animale et celles d'origine végétale (50/50), alors que le régime alimentaire français contient en moyenne 64 % de protéines d'origine animale.

▌ Forte variation des teneurs en lipides

Dans l'organisme, les lipides jouent un rôle de stockage de l'énergie (sous forme de triglycérides) et un rôle structural (sous forme de phospholipides au niveau des membranes des cellules). Les fonctions métaboliques des acides gras (AG) varient selon leur nature : certains sont des précurseurs de molécules de régulation de fonctions physiologiques variées (agrégation plaquettaire, inflammation, vasoconstriction, etc.), certains peuvent réguler l'expression de gènes du métabolisme lipidique. Le cholestérol fait également partie des lipides. Il est le précurseur des hormones stéroïdiennes et un élément important des membranes cellulaires, notamment au niveau du cerveau. Les AG sont classés en acides gras saturés (AGS), qui ne possèdent pas de double liaison, en acides gras mono-insaturés (AGMI) ayant une seule double liaison, et en acides gras poly-insaturés (AGPI) ayant plusieurs doubles liaisons (figure 2.1). On distingue les acides gras indispensables et conditionnellement indispensables[11] qui constituent les acides gras essentiels, de deux grandes familles :

– les AGPI n-6 (ou oméga-6), dont le précurseur et le représentant majeur est l'acide linoléique (LA) indispensable. Son dérivé majoritaire est l'acide arachidonique, conditionnellement indispensable ;

– les AGPI n-3 (ou oméga-3), dont le précurseur indispensable est l'acide alpha-linolénique (ALA). À partir de cet AG peuvent être synthétisés les acides eicosapentaénoïque (EPA) et docosahexaénoïque (DHA) (figure 2.1). Cependant, le DHA, contrairement à l'EPA, ne peut être synthétisé en quantité suffisante pour répondre aux besoins de l'organisme, même en présence d'ALA. Le DHA est de ce fait considéré comme indispensable, alors que l'EPA est considéré comme conditionnellement indispensable.

Parmi les AG non essentiels, on trouve l'acide oléique (AGMI majoritaire dans notre alimentation) et les AGS. Les AGS sont constitués d'acides laurique, myristique et palmitique qui, en excès, sont athérogènes. D'autres AGS, notamment ceux à chaînes courtes et moyennes, n'ont pas cet effet et pourraient même avoir des effets positifs sur la santé.

Les recommandations préconisent de rester en deçà de 12 % d'AGS dans l'apport énergétique, et de limiter les acides laurique, myristique et palmitique (‹ 8 % dans l'apport énergétique, Anses, 2011), ainsi que la consommation de certains acides gras *trans* (AG *trans*)

---

11. C'est-à-dire qu'ils peuvent être fabriqués à partir d'un précurseur s'il est apporté par l'alimentation. Ils sont indispensables si leur précurseur est absent.

(‹ 2 % dans l'apport énergétique). Les AG *trans* provenant de ruminants semblent exempts de risques, contrairement à ceux obtenus par hydrogénation des huiles végétales.

La teneur des produits animaux en lipides et leur profil en acides gras sont très variables (figure 2.1 et annexe I). Le lait de brebis est presque deux fois plus riche en matières grasses que le lait de vache ou de chèvre. La teneur en lipides des viandes est comprise en moyenne entre 1 et 10 g/100 g de produit frais et celle de la chair de poisson entre 2 et 15 g/100 g. Les fromages et charcuteries, quant à eux, sont gras : entre 5 à 40 g/100 g. Cette comparaison doit cependant être modulée par la taille des portions et la part de matière sèche dans le produit. Le profil en AG des produits animaux varie également fortement selon l'espèce et l'alimentation des animaux. Ainsi, pour la viande, le rapport (AGS/AGPI) varie de 1 à 7 en fonction de l'espèce, du régime alimentaire de l'animal et du morceau considéré. Ce rapport est généralement plus faible (meilleur) pour les viandes dites « blanches ». Au-delà de ce rapport, la nature des AGPI est importante, du fait de l'insuffisance en oméga-3 dans le régime alimentaire européen. Les nutritionnistes estiment que les apports en ALA (oméga-3) et LA (oméga-6) sont respectivement de 0,9 et 10 g/j, alors que les recommandations sont de 1,8 et 10 g/j. L'ALA est le précurseur des oméga-3 à longue chaîne que sont les AGPI EPA et DHA. Le LA est, lui, le précurseur des oméga-6 à longue chaîne (acide arachidonique, ARA).

Figure 2.1. Classification des acides gras (AG) en fonction de leur nomenclature et des recommandations alimentaires.

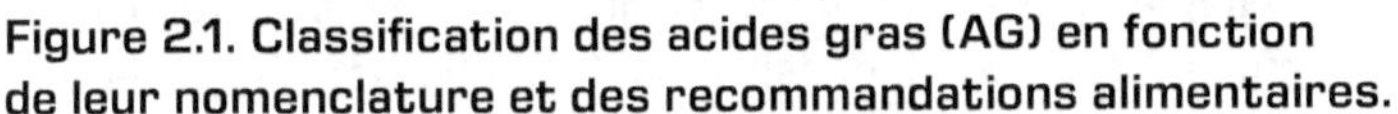

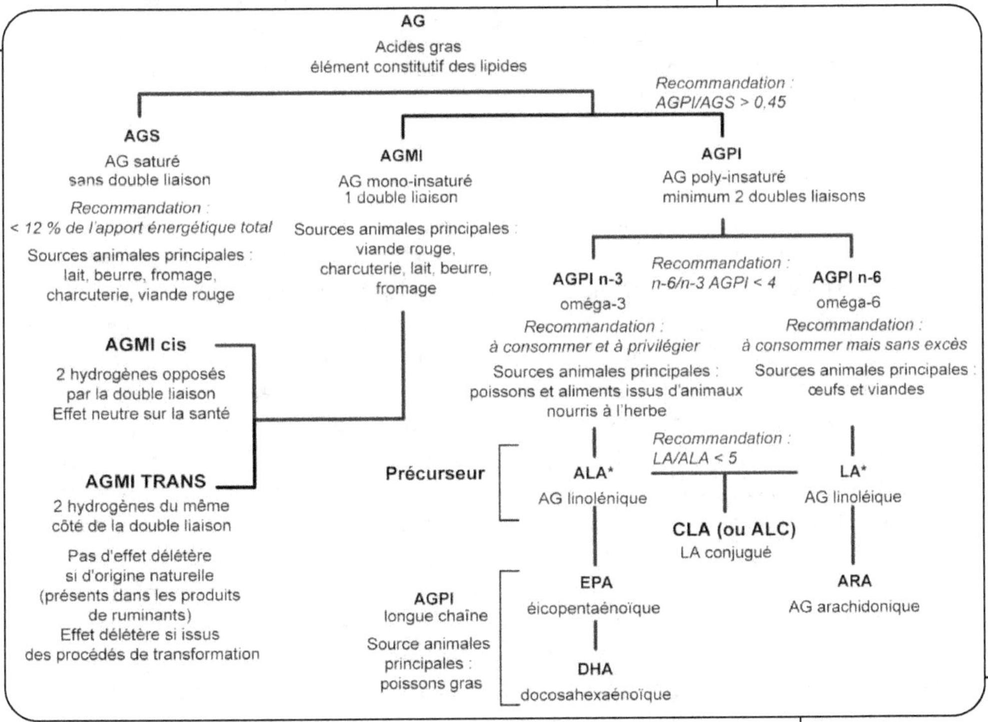

Le DHA et l'EPA sont anti-inflammatoires, tandis que l'ARA est considéré comme pro-inflammatoire. Les déséquilibres dans les apports de ces deux classes d'AG contribuent à nombre de maladies chroniques, telles que les maladies cardio-vasculaires (MCV), neuro-dégénératives, le diabète de type 2, les dérèglements du système immunitaire et certaines formes d'obésité (Burdge *et al.*, 2017). Aujourd'hui, les apports en EPA et DHA sont de 137 et 101 mg/j, alors que les recommandations sont de 250 mg/j pour chacun.

Le profil en AG de la chair des poissons est de loin le plus intéressant car il présente une forte teneur en AGPI (70 % des acides gras totaux), dont une proportion élevée en oméga-3 à longue chaîne. Selon l'Anses, la consommation des produits de la mer ou d'aquaculture est d'ailleurs indispensable pour couvrir les besoins en DHA (Anses, 2011). Le poisson apporte donc à la fois des acides aminés et des acides gras indispensables. Les œufs, les viandes, le lait, le beurre ou le fromage sont pareillement des sources d'oméga-3, lorsque les animaux ont eux-mêmes ingéré des végétaux riches en oméga-3 (prairies, graines oléagineuses).

Par ailleurs, le cholestérol présent dans les œufs, le beurre et la viande a été suspecté, dans les années 1970, d'accroître le risque de maladies cardio-vasculaires, ce qui a conduit à recommander d'en limiter la consommation. Les scientifiques sont revenus sur cette hypothèse (Soliman, 2018). Les limites supérieures de consommation en cholestérol ont été supprimées dans les recommandations nutritionnelles, sauf pour les personnes diabétiques ou hypertendues. L'explication vient du fait que le cholestérol présent dans les aliments ne contribue que pour une faible part au taux de cholestérol plasmatique. L'association entre consommation d'AGS et maladies cardio-vasculaires est remise en cause (Bechthold *et al.*, 2019).

▌ Vitamines et minéraux spécifiques

Les produits animaux contiennent une grande diversité de vitamines et minéraux. Les vitamines A, D, E (liposolubles) et celles du groupe B sont nécessaires au bon fonctionnement de l'organisme : la vitamine A participe à la vision et régule de nombreuses fonctions biologiques (croissance, reproduction, etc.) ; les vitamines B sont impliquées dans le métabolisme cellulaire ; la vitamine D régule l'homéostasie du calcium et la vitamine E est un puissant antioxydant. Les recommandations sont de 750 µg/j, 15 µg/j, 10,5 mg/j, 1,5 mg/j, 1,8 mg/j, 17,4 mg/j, 5,8 mg/j, 1,8 mg/j, 330 µg/j et 4 µg/j pour les vitamines A, D, E, B1, B2, B3, B5, B6, B9 et B12 respectivement. Les produits animaux sont les pourvoyeurs majoritaires en vitamine B12. Produite par des micro-organismes (bactéries, archées, champignons et micro-algues), cette vitamine est abondante dans les produits issus de ruminants, car ils hébergent une importante biomasse microbienne dans leur rumen, et dans les produits de la mer. Sa présence dans les viandes de volailles, de porcs et les œufs est liée à la supplémentation des animaux en vitamine B12. L'apport de vitamine B12 dans le régime alimentaire des humains est ainsi tributaire des aliments d'origine animale ou de compléments alimentaires issus de cultures bactériennes. Une déficience en vitamine B12 a des répercussions graves sur le développement du fœtus

(Black, 2008) et semble impliquée dans certaines anémies et troubles neurologiques de type Alzheimer ou dépressifs (Hibbeln *et al.*, 2018).

Les produits laitiers sont riches en calcium : de 1,2 g/100 ml dans le lait à 10 g/100 g dans les fromages à pâte pressée cuite. Ce calcium est facilement biodisponible (30-40 %), à la différence de celui apporté par des végétaux (chou, brocolis ou épinards). Les apports calciques sont déterminants dans la construction du capital osseux lors de la croissance. La consommation de produits laitiers est généralement associée à une meilleure densité minérale osseuse. La littérature est néanmoins controversée quant à ses effets sur la prévention des fractures.

Les viandes et abats apportent du fer, du zinc et du sélénium. La biodisponibilité du fer héminique présent dans les viandes est plus élevée que celle du fer non héminique contenu dans les végétaux ou les produits laitiers. Sans atteindre le stade de l'anémie dont les conséquences peuvent être dramatiques (morbidité, mortalité, troubles de la reproduction), une déficience en fer peut avoir des conséquences négatives sur la santé et se traduire par une fatigue non expliquée, une fonction cognitive altérée, des capacités physiques diminuées (Soppi, 2018). Le zinc est, lui, impliqué dans de nombreuses fonctions biologiques (notamment en lien avec l'immunité), et les carences en zinc constituent une préoccupation de santé publique. Les produits de la mer et les produits laitiers constituent, quant à eux, la principale source d'iode de notre alimentation. Une déficience en iode est critique chez les femmes enceintes et allaitantes, car elle induit des retards de développement intellectuel de l'enfant (Abel *et al.*, 2017).

Risques sanitaires microbiologiques et chimiques

IDENTIFIER LES CATÉGORIES D'ALIMENTS à l'origine de l'exposition des consommateurs aux contaminations chimiques ou microbiologiques n'est pas un exercice trivial. Remonter des aliments aux modes de production, de transformation ou de préparation à l'origine des contaminations ne l'est pas non plus. Les contaminations microbiologiques des produits animaux incluent les bactéries, virus et parasites dont les animaux sont les principaux réservoirs. Ils se propagent par les contacts entre animaux au sein des troupeaux et par les interactions avec des animaux sauvages qui peuvent être des réservoirs de pathogènes. Les étapes de transformation et la préparation culinaire sont très sensibles aux dangers biologiques, lorsque les conditions d'hygiène sont insuffisantes ou les procédés inadéquats.

Les contaminants chimiques concernent les éléments-traces métalliques, des polluants organiques persistants (POP) tels que dioxines, furanes et polychlorobiphényles (PCB, etc.), présents dans l'air, le sol ou l'eau ; des composés présents dans les aliments pour animaux d'élevage tels que des résidus de pesticides, mycotoxines, méthyl-mercure dans les farines provenant de poissons de mer. Ces contaminants s'accumulent le long de la chaîne alimentaire : l'animal ayant lui-même pu être contaminé par ce qu'il a mangé (dioxine, mycotoxines, etc.) ou par son milieu de vie (pollutions chimiques). Ils peuvent par ailleurs résulter de procédés de transformation, soit par l'ajout de certains additifs alimentaires, soit par la formation de composés néoformés au cours de la cuisson ou de la fumaison, soit par la migration d'éléments chimiques au contact de l'emballage.

Les modes d'élevage, les procédés de transformation et les modes de consommation jouent donc un rôle important dans les voies de contamination possibles (figure 2.2). Les spécificités de ces voies seront abordées dans le chapitre 3.

Figure 2.2. Les voies de contaminations des aliments d'origine animale.

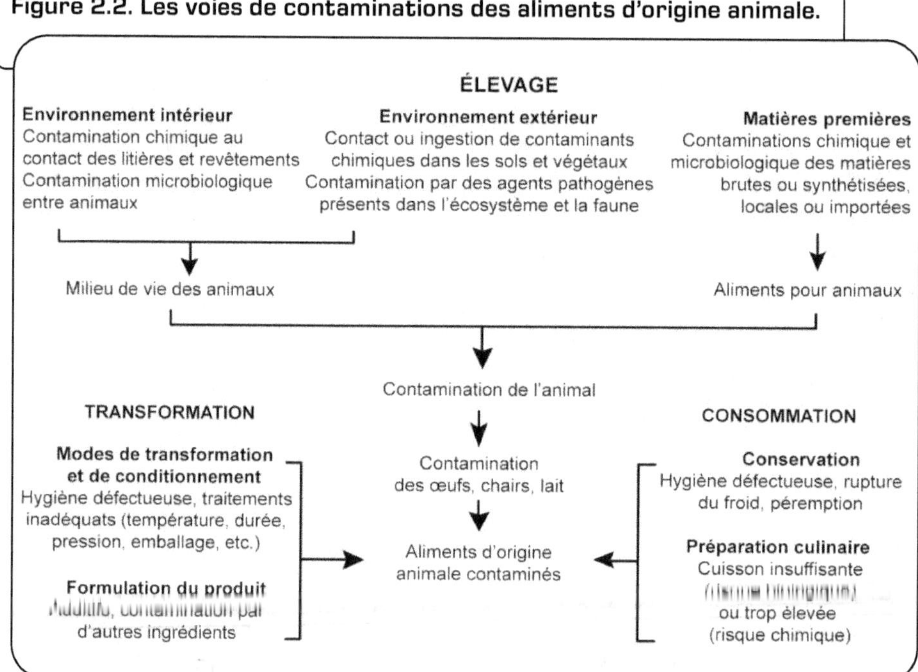

▮ Toxi-infections alimentaires associées aux dangers biologiques

L'analyse rétrospective des épidémies permet d'évaluer l'importance des voies de transmission (alimentaire, interhumaine, d'origine animale par les animaux d'élevage ou sauvages), des modes de consommation, ainsi que les réservoirs (bovins, volailles, environnement, etc.) à l'origine des épidémies. Les principaux agents pathogènes associés aux aliments ont un réservoir animal, et le point d'introduction dans la chaîne alimentaire est généralement la production primaire. Les réservoirs de *Campylobacter* sont ainsi les volailles (et autres oiseaux) et les autres animaux d'élevage ; ceux des *Escherichia coli* producteurs de shigatoxines (sigle STEC en anglais) sont les ruminants ; ceux de *Salmonella* sont les volailles, les bovins et les porcins ; ceux de *Yersinia enterocolitica* sont principalement les porcins. La plupart des dangers liés aux parasites, ainsi que le virus de l'hépatite E, sont fortement dépendants des réservoirs animaux. Des dangers microbiologiques peuvent aussi être introduits au cours de la transformation alimentaire.

C'est le cas de *Bacillus cereus* et de *Staphylococcus aureus* dans les plats préparés. La gravité des pathologies varie fortement d'un agent biologique à l'autre, pouvant aller d'une simple gastro-entérite (norovirus) à la mort (*Listeria*, *Salmonella*), ou à une morbidité élevée (syndrome urémique hémolytique pour les STEC, par exemple).

En complément des dispositifs de surveillance, les agences de santé utilisent des méthodes dites d'« attribution des sources » pour évaluer les risques microbiologiques. C'est-à-dire qu'elles cherchent à quantifier la part relative des différentes sources de contaminations aux épidémies ou au « fardeau sanitaire ». Ces méthodes s'appuient sur des données épidémiologiques (démarche « descendante », qui part des données épidémiologiques humaines pour remonter aux sources alimentaires) ou sur la modélisation (démarche « ascendante », qui part des données de contamination des aliments pour estimer le risque des populations). Les aliments d'origine animale sont responsables d'une majorité des toxi-infections alimentaires collectives, ou TIAC, observées par le système de surveillance épidémiologique (tableau 2.1). Les viandes, les œufs, les préparations à base d'œufs (crus ou peu cuits) et les produits de la pêche totalisent 70 % des TIAC. Les TIAC représentent une part importante des données officielles d'infections alimentaires. Par abus de langage, on les associe à l'ensemble des maladies alimentaires transmises par les aliments, ce qui n'est pas complètement le cas. Ainsi, certains dangers font l'objet d'une surveillance spécifique et ne sont pas rapportés dans le tableau 2.1, telles les infections à *Listeria* ou *Escherichia coli*.

L'histamine est une toxine fréquemment impliquée dans les TIAC associées à la consommation de poisson, notamment les espèces riches en histidine (essentiellement pêchées). Lorsque le poisson a été mal éviscéré et insuffisamment réfrigéré, la chair contient de grandes quantités d'histamine, responsable d'un symptôme pseudo-allergique qui peut provoquer un empoisonnement chez les personnes intolérantes à l'histamine. La présence de bactéries (*Clostridium perfringens*, *Escherichia*, *Salmonella*, *Shigella*, etc.) est à l'origine de la dégradation d'un acide aminé, l'histidine, en histamine. L'Autorité européenne de sécurité des aliments (EFSA) a examiné un nombre limité d'études faisant état de relations dose-réponse. Des limites maximales réglementaires d'histamine sont fixées par catégorie de produits (règlement UE n° 2073/2005).

Les données de TIAC ne représentent qu'une partie mineure des cas de maladies transmises par les aliments, car le dispositif de surveillance ne considère pas les cas sporadiques pourtant fréquents, et beaucoup d'intoxications ne sont ni déclarées, ni diagnostiquées. L'exemple de *Campylobacter* est illustratif. On a recensé 4 630 cas de campylobactériose par an en moyenne en France de 2011 à 2013 (InVS, 2015). En fait, l'incidence « réelle » est estimée entre 300 et 1 000 fois plus importante que les cas déclarés si l'on prend en compte l'ensemble des données de surveillance, médicales et administratives (étude basée sur la période 2008-2013 ; Van Cauteren *et al.*, 2015).

Le calcul du fardeau sanitaire combine les données d'incidence de maladies (nouveaux cas par an) à un indicateur de leur gravité, le DALY (*disability adjusted life years*), qui mesure l'espérance de vie corrigée de l'incapacité à être en bonne santé.

Tableau 2.1. Pourcentage de toxi-infections alimentaires collectives (TIAC) à agent confirmé (N = 1 602) par catégorie d'aliments et par danger biologique pour la période 2006-2015 selon les observations du système de surveillance épidémiologique.

Catégorie d'aliments	TIAC							
	Bacillus cereus	*Campylobacter*	*Clostridium perfringens*	Histamine	*Salmonella*	*Staphylococcus aureus*	Norovirus	Total
Viandes*	1,7	5,2	3,7	0,1	16,8	2,9	0,3	30,7
Lait et produits laitiers	–	0,2	–	0,1	4,6	1,9	–	6,9
Œufs et préparations à base d'œufs*	–	0,2	–	–	23,5	0,3	0,2	24,3
Produits de la pêche*	0,7	0,1	0,3	5,9	2,2	0,6	5,0	14,8
Végétaux	0,6	0,1	0,6	–	0,2	0,4	0,3	2,2
Plats composites*	5,6	1,4	4,7	0,2	3,7	4,2	0,7	20,7
Eau	–	0,2	–	–	–	–	–	0,2
Autres aliments	–	0,2	–	–	–	–	–	0,2
Total	8,6	7,8	9,4	6,3	50,9	10,4	6,6	100

* Principales catégories d'aliments concernées par les TIAC.
Sources : Anses (2018) et données DO TIAC de Santé publique France.

Les viandes sont la principale catégorie d'aliments contribuant au fardeau sanitaire (environ 60 %) et, parmi elles, la viande de volaille est le principal contributeur (tableau 2.2). Les produits laitiers, les œufs, les produits crus et les aliments composites sont responsables d'environ 10 % de ce fardeau. Les fruits de mer pèsent de manière mineure avec moins de 5 %. L'utilisation des données de séquençage des souches isolées dans les filières alimentaires et chez les patients permet depuis quelques années d'identifier certaines voies de transmission et de déterminer plus précocement l'origine des épidémies. Cette technologie et le partage des données entre les différents acteurs de la sécurité sanitaire devraient à terme améliorer la sécurité microbiologique dans les filières et prioriser les leviers de réduction du risque. Le séquençage pourra aussi être utile pour définir la part de l'alimentation dans la diffusion de l'antibiorésistance.

À l'inverse des risques microbiologiques mentionnés dans cette section, il faut noter que les produits fermentés apportent des bénéfices sanitaires. La fermentation résulte de l'action spontanée ou dirigée de communautés microbiennes endogènes et/ou ajoutées sur des matières premières d'origine animale ou végétale. Les aliments sont profondément modifiés sur le plan biochimique et contiennent généralement une biomasse microbienne élevée, le plus souvent vivante, comme dans le yaourt, les fromages, le kéfir et les salaisons sèches. Des études ont montré le rôle de la consommation de produits fermentés sur la santé humaine, directement ou par des effets sur le microbiote intestinal. De plus, les propriétés nutritionnelles des produits fermentés s'améliorent en lien avec la présence de composés antioxydants (lait, poisson, viande) et de peptides antihypertenseurs (laits fermentés, fromages).

Tableau 2.2. Part du fardeau sanitaire pour les dangers biologiques aux différentes catégories d'aliments.

Catégories et sous-catégories	Part du fardeau sanitaire en % (IC 90)
Viandes	59 (50-69)
Bœuf	8 (4-20)
Viande de bœuf hachée à cuire	4 (2-13)
Viande de bœuf hachée crue	4 (2-13)
Viande de bœuf	0,3
Porc	11 (9-21)
Viande de porc	7 (5-16)
Foie de porc et de sanglier	3
Porc en plein air, sanglier	0,003
Charcuterie	2 (0-3)
Conserves de viandes et salaisons familiales	0,01 (0-0,03)
Volaille	35 (34-44)
Autres viandes (agneau, cheval...)	3 (1-5)
Lait et fromages	11 (5-22)
Lait non pasteurisé	1 (0-2)
Lait thermisé	1 (0-2)
Lait cru	1 (0-2)
Fromages au lait cru	9 (4-21)
Fromage frais	0,01 (0-0,03)
Pâte pressée non cuite	4 (2-12)
Pâte molle	6 (2-15)
Fromages au lait pasteurisé (pâte molle)	0,5 (0,2-1,6)

Tableau 2.2. suite

Catégories et sous-catégories	Part du fardeau sanitaire en % (IC 90)
Œufs et ovoproduits	7 (3-19)
Œufs	4 (2-13)
Produits à base d'œufs crus	4 (2-13)
Produits de la mer et aquaculture	3 (1-6)
Poisson	0,5 (0,2-1,6)
Poisson cuit	0,0002 (0-0,0003)
Poisson cru	0,0002 (0-0,0003)
Poisson fumé	0,5 (0,2-1,6)
Poisson de la famille des thons, maquereaux, bonites (riche en histidine)	0,003
Coquillages et crustacés	3 (1-5)
Crustacés	0,5 (0,2-1,6)
Mollusques bivalves cuits ou crus	1 (0-3)
Végétaux crus	11 (6-20)
Produits crus non congelés	9 (5-18)
Produits crus surgelés (fruits rouges, légumes)	1 (0-3)
Produits crus sauvages (cresson, pissenlit)	0,0003
Fruits rouges	0,3
Plats prêts à consommer ou plats préparés	10 (8-12)
Plats cuisinés conservés au froid	2 (0-3)
Toutes sortes d'emballages	2 (0-3)
Emballé sous vide	0,01 (0-0,02)
Plats faits maison	5 (3-6)
Contenant des ingrédients céréaliers (pâtes, riz, semoule) ou déshydratés	2 (0-3)
Avec viande cuite dans une sauce	3
Aliments composites	3 (1-5)
Plats préparés, gâteaux, aliments à manipulation extensive (sandwiches)	3 (1-5)
Conserves maison	0,01 (0-0,03)

Source : Augustin *et al.*, 2020 – Intervalle de confiance (IC) à 90 %.

▌ Contaminations chimiques au niveau de l'élevage et de la transformation

L'évaluation du risque chimique dans les aliments a été formalisée dans un document conjoint de la FAO et de l'OMS (WHO, 2009). Les méthodes se centrent sur le contaminant chimique, l'aliment n'étant qu'un vecteur de l'exposition au contaminant. Elles combinent alors le niveau d'exposition et la relation dose-réponse. L'exposition dépend du niveau de contamination et du niveau de consommation de chaque aliment. Un aliment est considéré à risque si l'exposition globale de la population au contaminant excède les préconisations de santé publique, et si l'aliment est un contributeur significatif à cette exposition. La relation dose-réponse peut présenter un seuil d'effet ou non ; elle peut être linéaire ou suivre une loi de réponse irrégulière (non monotone), comme c'est le cas pour les perturbateurs endocriniens, dont les effets sont délétères même à très faibles doses.

Au niveau de l'élevage, les contaminants chimiques proviennent de l'environnement intérieur (dans les bâtiments) et extérieur (plein air) ou bien des composés chimiques présents dans des aliments pour animaux (figure 2.2). Pour les molécules dont l'usage est autorisé, il n'y a pas d'évaluation du risque *a posteriori*, seule l'évaluation *a priori* est conduite, donnant lieu à des recommandations d'usage ; c'est le cas des médicaments vétérinaires et des pesticides.

La menace sanitaire que représente l'antibiorésistance a conduit à revoir l'usage des antibiotiques en élevage. En 2006, la Commission européenne a interdit l'utilisation des antibiotiques comme additifs alimentaires accélérant la croissance des animaux, pratique qui a longtemps accompagné les stratégies d'accroissement de la productivité en élevage intensif. Les risques pour la santé humaine portent sur la transmission, de l'animal vers les humains, de bactéries résistantes à un ou plusieurs antibiotiques et sur la présence de résidus dans les aliments au-delà de la limite maximale réglementaire autorisée. Les plans de contrôle officiels montrent que les non-conformités dans les aliments sont rares : 0 % pour le lait, 0,24 % et 0,7 % pour les viandes de volailles et les viandes bovines, 0,43 % pour les œufs. Des méthodes préventives fondées sur les bonnes pratiques sanitaires en élevage, ainsi que l'emploi de composés probiotiques, prébiotiques, symbiotiques et de phytothérapie, se développent comme alternatives aux antibiotiques.

De manière générale, les animaux sont sensibles aux contaminants bioaccumulables dans leurs tissus. Les poissons et produits laitiers sont une source de contamination aux POP. À l'échelle nationale, l'Étude de l'alimentation totale infantile (ou EATi), publiée par l'Anses en 2016, a évalué l'exposition alimentaire des enfants de moins de 3 ans à 670 substances. Les aliments d'origine animale sont systématiquement les plus forts contributeurs en POP dans l'alimentation. Les poissons (qui sont essentiellement pêchés, donc hors expertise scientifique collective) et les produits laitiers arrivent en tête pour les dioxines, furanes et PCB.

Le cadmium, le plomb, l'arsenic ou le mercure que l'on peut retrouver dans certains aliments sont essentiellement émis par les régions urbaines fortement industrialisées. Un exemple très problématique de cette famille de micropolluants est le méthyl-mercure qui s'accumule dans les tissus graisseux et la chair de certains poissons, provoquant des troubles de leur système nerveux central.

Les PCB, plus présents que les autres contaminants dans les aliments, ont été plus étudiés. Ces composés aromatiques chlorés, connus sous le nom de pyralènes, sont stables chimiquement et peu biodégradables. Ils s'accumulent progressivement dans l'environnement, spécialement dans les sédiments marins ou les rivières. Présentant une affinité particulière pour les graisses (lipophiles), ils se concentrent dans les tissus graisseux des animaux. L'alimentation représente ainsi plus de 90 % de l'exposition totale de la population aux PCB. Les aliments d'origine animale, riches en graisses tels que les poissons gras et les produits laitiers, nommément le beurre, sont les plus concernés. L'évaluation des risques doit être affinée par le mode de transformation : une étude montre ainsi que les risques liés à la présence de PCB dans les viandes diminuent avec l'intensité de cuisson de saignant à bien cuit (Tressou *et al.*, 2017).

Au cours de la transformation et du conditionnement, l'aliment peut être contaminé chimiquement du fait des effets collatéraux de certaines opérations de transformation. Les risques liés aux additifs, résidus et emballages sont encadrés juridiquement, le droit évoluant avec les connaissances scientifiques.

La cuisson à haute température de produits riches en protéines, en particulier les viandes, les poissons et les produits carnés ou piscicoles transformés, induit la formation de composés néoformés nocifs. Ces composés sont principalement des amines hétérocycliques (AHC) et aromatiques (AHA). Ces AHC et AHA résultent de réactions entre les glucides du muscle, les acides aminés et d'autres composés (créatine ou créatinine). Les hydrocarbures aromatiques polycycliques (HAP) proviennent, eux, de la pyrolyse des acides gras de la viande au contact d'une flamme, lors de la cuisson au barbecue, par exemple. La fumaison à chaud, combustion lente et incomplète, produit également des HAP. L'alternative qui consiste à pulvériser de la fumée liquide, obtenue par condensation de la fumée issue de la combustion du bois, limite la production des HAP.

Les AHC, AHA et HAP ont des effets génotoxiques bien établis sur des modèles animaux. Ils se sont révélés cancérogènes pour les rongeurs et les primates dans des études de longue durée d'exposition et à forte dose. La transposition aux humains apparaît difficile car les études épidémiologiques centrées sur les AHC et les HAP ne sont pas concordantes (Cross *et al.*, 2010 ; Ollberding *et al.*, 2012). L'incertitude sur l'ampleur de l'exposition chronique aux AHC est une limite des études épidémiologiques. Selon les conditions de cuisson, leur concentration au niveau de la croûte de la viande varie de plus de 100 fois. Globalement, la quantité d'AHC augmente avec la température et la durée de la cuisson. La fumée générée lors de la cuisson contient des AHC, que la viande soit grillée ou frite. Dans la viande de bœuf grillée, leur quantité représente environ 1,5 ng/g.

La panure frite des *nuggets*, cordons bleus et burgers conduit à la formation d'acrylamide. Cette molécule est classée cancérogène possible par le Centre international de recherche sur le cancer (CIRC). Des travaux expérimentaux cherchent à limiter sa formation par divers ajouts ou traitements (ex. : extrait de thé vert, précuisson au four micro-ondes ; Soncu et Kolsarici, 2017).

Par ailleurs, les matériaux d'emballage au contact des aliments sont une source de transfert de molécules (phtalates, bisphénols, photo-initiateurs, huiles minérales, etc.) pouvant contaminer les aliments. Les risques associés aux perturbateurs endocriniens font actuellement évoluer la réglementation européenne sur les matériaux en plastique en contact avec les aliments. Le danger semble davantage concerner l'exposition humaine à un cocktail de substances potentiellement en interactions qu'à l'exposition chronique à une seule substance. L'utilisation de matériaux d'emballage recyclés augmente les risques de contamination.

Enfin, la formulation des aliments peut inclure des additifs alimentaires (conservateurs, colorants, épaississants, émulsifiants, etc.) (tableau 2.3) qui, bien qu'autorisés, sont suspectés d'avoir des effets secondaires néfastes sur la santé humaine. Ces effets, encore mal connus, motivent actuellement une réévaluation systématique des additifs alimentaires par l'EFSA. Les additifs autorisés par catégorie de produits alimentaires, ainsi que les doses maximales autorisées et les spécifications d'usage sont réglementés au niveau de l'Union européenne (2011) et de l'OMS. Les niveaux maximaux autorisés se fondent sur les effets potentiels « individuels » de l'additif étudié dans un produit alimentaire donné. C'est-à-dire que ni ses interactions avec d'autres additifs, ni les interactions entre aliments, ce que l'on appelle l'« effet cocktail », ne sont prises en compte lors de l'évaluation initiale pour l'autorisation de mise sur le marché. L'impact sur la santé de la consommation régulière et cumulée d'additifs alimentaires n'est donc pas connu. Les recommandations se fondent sur l'analyse des données scientifiques disponibles, qui proviennent principalement de recherches expérimentales *in vitro* ou *in vivo* et de simulations d'exposition chez l'être humain.

Les sels nitrités sont des conservateurs utilisés dans la saumure des charcuteries et de certains fromages. Ils sont suspectés d'être cancérogènes. Ces sels (principalement nitrite de sodium et nitrate de potassium) ont une fonction bactériostatique d'intérêt majeur contre le botulisme. Ils stabilisent également la couleur rouge-rose des viandes transformées et ont une action antioxydante, et contribuent à la flaveur des charcuteries, notamment du jambon cuit. En 2010, le CIRC a classé les nitrites et nitrates ingérés dans la catégorie « 2A : probablement cancérogène » pour le cancer de l'estomac. L'EFSA a confirmé en 2017 qu'ils ont une part dans la formation de nitrosamines cancérogènes, mais a conclu que, compte tenu des niveaux d'apports autorisés dans la réglementation européenne, les risques liés à l'exposition des consommateurs à ces composés pouvaient être écartés. Au niveau européen, l'ajout de nitrite est limité à 150 mg/kg pour les viandes transformées. En France, l'ajout de nitrite a été abaissé à 120 mg/kg dans le Code des usages qui régit les métiers de la transformation charcutière.

Pour d'autres additifs alimentaires, les résultats scientifiques sont contradictoires ou mitigés. L'EFSA conclut alors qu'il n'y a pas de risque majeur, mais souligne les risques d'exposition spécifiques. Les évaluations des risques associés aux carraghénanes, couramment utilisés comme épaississants et émulsifiants, comportent ainsi de fortes incertitudes, et l'Agence note un dépassement possible de la dose journalière admissible (DJA) jusqu'à dix fois pour certains groupes de population. L'EFSA souligne par ailleurs que toute la population est trop exposée aux sulfites totaux (exposition supérieure à la DJA). En 2019, l'EFSA a estimé que l'exposition alimentaire des nourrissons, enfants et adolescents aux additifs phosphatés pourrait dépasser la DJA, or ce sont des conservateurs majeurs dans l'industrie de la viande. L'Agence européenne n'a pas confirmé en 2016 les risques liés à l'utilisation du benzoate de sodium (E211), qui est aussi un conservateur, mais a pointé que la DJA pourrait être dépassée chez les nourrissons et les enfants. D'autres additifs font l'objet d'études suggérant des effets adverses sur la santé, sans que l'EFSA ne juge nécessaire de réévaluer leur usage, ni de fixer une DJA. C'est le cas par exemple de la carboxyméthyl cellulose (E466), utilisée dans de nombreuses crèmes fraîches, ou de l'acésulfame potassium (E950), édulcorant largement utilisé dans les yaourts sans sucre.

Certains additifs ont, au contraire, des effets bénéfiques pour la santé. L'évaluation de l'EFSA en 2015 le suggérait spécifiquement pour l'acide ascorbique (E300) parce qu'il contribue à l'apport total en vitamine C. On observe par ailleurs que des antioxydants comme la vitamine E ont un rôle préventif dans plusieurs maladies chroniques en protégeant les acides gras polyinsaturés. Des études montrent que l'effet bénéfique de la vitamine E sur la santé humaine est plus important lorsqu'elle est apportée dans l'aliment de l'animal (et se trouve donc dans sa chair, lait ou œuf) que si elle est incorporée dans l'aliment final. En revanche, certains additifs apportés dans la ration des animaux peuvent poser problème. L'utilisation d'éthoxyquine (E324) dans les aliments pour poissons a ainsi été suspendue en 2015, du fait, entre autres, d'un effet génotoxique d'un de ses métabolites (Union européenne, 2017).

Ont été abordés les contaminants chimiques le plus souvent associés à la consommation de produits animaux. Il y en a d'autres, comme les nanoparticules, les micro-plastiques, les composés résiduels des matériaux recyclés, qui font l'objet d'une préoccupation croissante.

Tableau 2.3. Additifs alimentaires fréquemment utilisés par catégorie de produits et ceux autorisés en agriculture biologique, AB.

Classe de produits	Fonctions	Additifs fréquents	Autorisés en AB
Viandes et charcuteries et produits à base d'œufs	Conservateurs	Nitrite de sodium (E250), nitrate de potassium (E252), acétate de sodium (E262)	E250 et E252
	Antioxydants	Acide ascorbique (E300), ascorbate de sodium (E301), érythorbate de sodium (E316)	E300 et E301
	Émulsifiants, conservateurs	Sels métalliques de diphosphates (E450), triphosphates (E451), carraghénanes (E407)	E407
	Colorants	Acide carminique (E120)	
	Antioxydants	Acide citrique (E330)	E330
	Émulsifiants	Sels métalliques de diphosphates (E450), gommes de guar (E412) et de xanthane (E415), carraghénanes (E407)	E412, E415 et E407
	Colorants	Extrait de paprika (E160)	
	Épaississants	Amidons modifiés (E1401-1452)	
Produits laitiers	Antioxydants, émulsifiants	Acide citrique (E330), lécithines (E322)	E330 et E322
	Émulsifiants, épaississants	Gomme de guar (E412) et de xanthane (E415), carraghénanes (E407), carboxy et éthylcellulose (E466), sels métalliques de diphosphates (E450), polyphosphates (E452), pectines (E440), farine de graines de caroube (E410)	E407, E412, E415, E410 et E440
	Épaississants	Amidons modifiés (E1401-1452)	
	Édulcorants	Acésulfame potassium (E950)	
	Agent texturants et émulsifiants	Sels de fonte	

Le référencement des additifs sous format E123 est valable pour la France.
Source : Open Food Facts. Recensement : équipes de recherche EREN (université Paris-1) et Toxalim (INRAE Toulouse). Open Food Facts est une application qui permet en scannant le code-barres d'accéder aux informations sur le produit, dont la présence ou l'absence d'additifs alimentaires, https://fr.openfoodfacts.org/additifs (consulté en mai 2019).

Relations entre consommation de produits animaux et maladies chroniques

FACE À L'AMPLITUDE DU SUJET, l'expertise s'est focalisée sur les associations entre les comportements alimentaires et le risque de maladies chroniques chez les adultes. Les allergies, la dépression ou les troubles de la reproduction font l'objet de travaux scientifiques qui ne sont pas traités ici. L'épidémiologie nutritionnelle (encadré 2.1.) s'intéresse aux régimes alimentaires ou aux grandes classes d'aliments, comme les produits laitiers, les viandes de boucherie (hors volailles) et les viandes transformées, c'est-à-dire les charcuteries en France.

Encadré 2.1. Les méthodes d'épidémiologie nutritionnelle

L'épidémiologie étudie les liens entre des facteurs d'exposition des êtres humains et leur santé, à partir d'enquêtes sur des populations et/ou de dosages biologiques. L'objectif est d'étudier les associations entre une consommation et la diminution ou l'augmentation de survenue d'une pathologie. La force des associations est quantifiée par différentes mesures statistiques. Dans les études de cohorte, on évalue l'impact sur le risque (*hazard ratio*, ou HR) et à partir de là, le « risque relatif » (RR), en comparant des groupes de consommateurs entre eux, par exemple petits *versus* grands consommateurs, ou pour une augmentation de consommation, en grammes ou en portions par semaine. Le sur-risque, ou le risque ou bénéfice relatif, s'interprète par rapport à la valeur 1 : un RR supérieur à 1 correspond à une augmentation du risque et inférieur à 1, à sa diminution. Les résultats sont présentés avec un intervalle de confiance (IC) afin d'approcher leur incertitude : plus l'échantillon de population est grand, plus cet intervalle est réduit et l'estimation précise. À titre d'exemple, la méta-analyse de Schwingshackl *et al.* (2017h) sur les associations entre la mortalité prématurée et la consommation de produits d'origine animale repose sur les données du tableau 2.4.

La collecte des données et l'interprétation des résultats posent plusieurs difficultés. Les données d'enquêtes alimentaires sont généralement auto-rapportées ; elles ne sont jamais exhaustives ou bien portent alors sur une fenêtre de temps courte, ce qui induit une forte variabilité intra-individuelle. L'interprétation des résultats n'est pas aisée car les pathologies sont presque toujours multifactorielles. Pour conclure qu'un facteur de risque est réellement causal, les épidémiologistes confrontent leurs résultats à ceux d'autres études et les soumettent à une série de critères, dont le plus connu est celui de Hill, défini en 1965.

Enfin, l'épidémiologie qualifie la robustesse de ses résultats en évaluant leur « niveau de preuve ». Les études étiologiques, dont il est question dans l'expertise, reposent sur des études dites « cas-témoins » ou sur des cohortes. Si l'enquête sur les causes et facteurs de risque de la maladie porte sur le passé du malade, l'étude est rétrospective ; si un suivi s'engage au moment du démarrage de l'enquête épidémiologique, l'étude est prospective. Les études prospectives de cohorte représentent le schéma d'étude avec le niveau de preuve le plus élevé. En effet, il y a peu d'essais randomisés contrôlés évaluant les associations entre les pathologies et le comportement alimentaire pour des raisons morales évidentes. Les revues systématiques de la littérature scientifique et les méta-analyses regroupent les résultats d'un grand nombre d'études. Le risque est alors quantifié à partir de l'analyse groupée des résultats. Selon leur récurrence, homogénéité ou hétérogénéité, les épidémiologistes définissent un niveau de preuve global. Le World Cancer Research Fund International (WCRF) a défini cinq niveaux de preuve pour qualifier les relations entre les facteurs nutritionnels et le risque de cancer. Ces critères peuvent s'appliquer à d'autres pathologies. Un niveau de preuve convaincant justifie de donner lieu à des recommandations. Puis viennent, par ordre décroissant, les niveaux de preuves probable, suggéré et non concluant, lorsque des recherches additionnelles sont nécessaires pour conclure. Le niveau « peu probable » montre une absence d'association, avec le même degré de fiabilité que le niveau convaincant.

Tableau 2.4. Illustration des indicateurs de robustesse des résultats dans la méta-analyse de Schwingshackl *et al.* (2017b) : nombre d'études, risque relatif (RR) et intervalle de confiance (IC), pour différentes catégories de produits animaux.

Catégories	Nombre d'études	RR	IC	Conclusions relatives à la mortalité prématurée
Charcuteries	7	1,23	95 % = 1,12-1,36	Augmentation significative du risque de 23 % par incrément de 50 g/j
Viandes de boucherie	12	1,10	95 % = 1,00-1,22	Augmentation significative du risque de 10 % par incrément de 100 g/j
Poissons	39	0,93	95 % = 0,88-0,98	Diminution significative du risque de 7 % par incrément de 100 g/j
Produits laitiers	16	0,98	95 % = 0,93-1,03	Aucune association
Œufs	8	1,06	95 % = 1,00-1,12	Association positive à la limite de la significativité pour la consommation la plus élevée (68 g/j)

L'expertise s'est appuyée sur des travaux de compilation des données publiés récemment par le WCRF (WCRF/AICR/CUP Expert Report, 2018a ; 2018b), le rapport d'expertise collective de l'Anses (2011)[12] et le rapport sur les maladies d'Alzheimer et maladies apparentées (MAMA) du Haut Conseil de la santé publique (2017).

▌ Mortalité prématurée

Mettre en exergue les choix nutritionnels dans les facteurs de risque de mortalité prématurée (avant 65 ans) est relativement récent. Les maladies chroniques sont devenues la

---

12. Voir : https://www.anses.fr/fr/system/files/NUT2012SA0103Ra-3.pdf (consulté le 28/12/2020).

principale cause de décès dans le monde, dont un tiers est associé aux maladies cardio-vasculaires (MCV) et 15 % aux cancers. En France, les décès dus aux cancers devancent ceux dus aux MCV (respectivement, 29 % et 25 %). Plusieurs études épidémiologiques ont différencié les catégories d'aliments associées à ce risque. La méta-analyse la plus récente (Schwingshackl *et al.*, 2017b) a distingué 12 groupes d'aliments, dont les œufs, les produits laitiers, les poissons, les viandes de boucherie hors volailles, les viandes blanches et les viandes transformées. Elle conclut qu'une consommation croissante d'œufs, de viandes de boucherie et de viandes transformées est associée à une augmentation du risque de mortalité prématurée. En revanche, une consommation croissante de poissons diminue ce risque. Aucune méta-analyse ne conclut sur l'existence d'une association entre consommation de viande blanche ou de produits laitiers et risque de mortalité prématurée.

Des chercheurs danois aboutissent aux mêmes conclusions (Thomsen *et al.*, 2018) en utilisant une autre approche. Ils ont mesuré le nombre d'années de vie perdues ou en mauvaise santé (DALY) évitées par le remplacement de la consommation de viande de boucherie par du poisson. Pour la population danoise, environ 130-150 DALY sont évitées pour 100 000 personnes si les adultes consomment 350 g par semaine de poissons gras ou un mélange de poissons gras et maigres, en substitution de la viande. Celle-ci est nettement moins bénéfique si la population ne mange que des poissons maigres, et elle devient préjudiciable si le choix se porte sur du thon, les auteurs faisant l'hypothèse d'effets toxiques et neurotoxiques liés à la contamination du thon par du méthyl-mercure.

Cancers

Le CIRC estime que plus de 5 % des cancers sont attribuables à des choix alimentaires ne respectant pas les recommandations nutritionnelles, quelle que soit la région du monde concernée. Les méta-analyses conduites par le WCRF (avec l'appui de l'Imperial College de Londres), qui font référence au niveau international pour les risques de cancers, ont conclu qu'à l'échelle mondiale, près de 10 % des cancers de l'estomac et du côlon pourraient être attribués à une consommation importante de charcuteries (WCRF/AICR/CUP Expert Report, 2018a). Le niveau de preuve est convaincant entre l'augmentation de la consommation de charcuteries et l'augmentation du risque de cancer colorectal au vu de la concordance et de la faible hétérogénéité des résultats des méta-analyses. Le risque croît de 16 % pour chaque augmentation de 50 g de charcuteries consommées par jour.

L'augmentation de la consommation de viandes de boucherie est associée à une augmentation du risque de cancers, avec un niveau de preuve probable. Cette augmentation du risque est à la limite de la significativité dans la méta-analyse du WCRF, elle est en revanche jugée significative dans d'autres méta-analyses (dont celle de Schwingshackl *et al.*, 2017b). Quant aux viandes grillées, elles sont associées à une augmentation significative du risque de cancer de l'estomac. Le WCRF observe, en revanche, que l'augmentation de la consommation de viandes blanches n'est jamais associée à une augmentation du risque de cancers.

L'augmentation de la consommation de produits laitiers est associée à un effet protecteur contre le cancer colorectal avec un niveau de preuve convaincant (– 13 % pour chaque augmentation de 400 g consommés par jour).

D'autres résultats des méta-analyses présentent un niveau de preuve inférieur. Il est ainsi suggéré que la consommation de lait pourrait diminuer le risque pour le cancer du sein et augmenter celui du cancer de la prostate ; que la consommation de poisson pourrait baisser le risque des cancers du foie et colorectal. Enfin, le WCRF considère que les études sont trop peu nombreuses ou trop inconsistantes pour conclure sur les œufs. Certaines méta-analyses suggèrent une association positive entre la consommation de plus de 3 œufs/semaine et le risque de cancer colorectal.

Les mécanismes biologiques expliquant les associations entre consommations de produits animaux et cancers ne sont pas toujours bien identifiés, sauf pour celles concernant les viandes rouges et charcuteries et le cancer colorectal. Dans ce cas, les hypothèses s'orientent sur les effets pro-inflammatoires, pro-oxydants ou cancérogènes associés à des composés néoformés, mais aussi à des nutriments, notamment le fer héminique (Gamage, 2018). La consommation de fer héminique, apporté principalement par la myoglobine des produits carnés (et l'hémoglobine pour le boudin noir), est associée au risque de cancer colorectal. L'effet carcinogène résulterait potentiellement de la peroxydation des lipides produisant des molécules génotoxiques et cytotoxiques (aldéhydes) ou de la nitrosylation du fer héminique pour les charcuteries. Des études sur modèles animaux ont démontré cet effet promoteur sur la carcinogenèse colorectale (Bastide *et al.*, 2015). Pour les personnes peu sensibles aux recommandations de limiter leur consommation de viande rouge et de charcuteries, une proposition est d'associer ces aliments au cours du repas avec des aliments riches en antioxydants afin de limiter la péroxydation lipidique. Enfin, la littérature scientifique explique l'association négative entre la consommation de produits laitiers et le cancer du côlon par leur richesse en calcium. Deux hypothèses sont proposées : soit le calcium piège des acides biliaires secondaires qui favorisent la carcinogenèse colorectale (études sur modèles animaux) ; soit il agit directement sur l'épithélium colique en inhibant la prolifération des cellules tumorales (Pufulete, 2008). D'autres composés du lait pourraient avoir un effet protecteur (lactoferrine, butyrate, propionate).

▌ Maladies cardio-vasculaires

Parmi les facteurs de risque de maladies cardio-vasculaires (MCV), l'alimentation joue un rôle qui peut être délétère ou bien protecteur. Ces maladies incluent les maladies coronariennes, les accidents vasculaires cérébraux (AVC), les artériopathies périphériques dont l'hypertension, les cardiopathies rhumatismales, les malformations cardiaques congénitales, les thromboses veineuses profondes et les embolies pulmonaires. Deux méta-analyses parues en 2012 (Soedamah-Muthu *et al.*, 2012 ; Ralston *et al.*, 2012) ont porté spécifiquement sur les MCV. Elles complètent des travaux plus nombreux ciblant des pathologies précises (AVC, maladie coronarienne, hypertension, etc.) et ceux précités sur les risques de mortalité prématurée. Les associations les plus solides concernent les charcuteries pour toutes les MCV et la viande de boucherie pour le risque d'AVC. Les poissons (en particulier maigres) et les produits laitiers jouent, en revanche, un rôle protecteur contre les AVC et les maladies coronariennes. Les résultats pour les œufs ne sont pas convergents.

Les chercheurs expliquent le risque accru de MCV par la richesse en graisses saturées des charcuteries et viandes de boucherie, et inversement les effets protecteurs de la consommation de poissons par leur teneur en acides gras oméga-3. L'analyse de la littérature suggère que ces acides gras ont des effets anti-inflammatoires et anti-arythmiques sur le cœur, agissant ainsi sur les principaux facteurs de risque des MCV. Cependant, des données récentes montrent que la diminution de la consommation de graisses saturées ou bien leur remplacement par des AGPI ne réduisent pas l'incidence des MCV (Hamley, 2017). D'autres hypothèses s'orientent vers le fer héminique ou vers la teneur en sel des produits animaux transformés (certaines charcuteries, fromages[13]), qui est impliquée dans l'hypertension artérielle. Pour les produits laitiers, les peptides bioactifs présents dans le lait ainsi que le calcium, le magnésium et le potassium pourraient aider à réguler la tension artérielle.

▌ Diabète de type 2

Les gros consommateurs de charcuteries et de viandes de boucherie ont plus de risque de développer un diabète de type 2 (Schwingshackl *et al.*, 2017a). Des risques sont identifiés pour les charcuteries (non linéaires) et de manière hétérogène pour les viandes de boucherie, avec un risque linéaire pour les cohortes américaines et européennes, mais pas pour les asiatiques. Les résultats concernant les œufs, les produits laitiers et les poissons divergent selon l'origine des cohortes (Europe, États-Unis, Asie, Australie, etc.). Les mécanismes expliquant le diabète de type 2 pointent, entre autres facteurs, des perturbations dans le métabolisme aboutissant à une hyperglycémie.

▌ Obésité et surpoids

Les choix nutritionnels et l'activité physique jouent un rôle de premier plan sur le risque d'obésité et de surpoids. L'OMS classe l'obésité et le surpoids comme facteurs de risque majeurs des maladies chroniques. Le WCRF a fait en 2018 l'analyse exhaustive de la littérature étudiant les associations entre l'activité physique, l'alimentation et le risque de surpoids et d'obésité. Il en retire que, de manière convaincante, l'activité physique régulière, la consommation d'aliments riches en fibres et l'adoption d'un régime alimentaire de type méditerranéen (régime moins riche en viandes, charcuteries, et produits laitiers, et plus riche en poissons que le régime occidental) réduisent le risque, et qu'inversement, la sédentarité, un régime de type occidental et la consommation de boissons sucrées l'augmentent. La consommation de viandes apparaît ici plus comme un marqueur du modèle alimentaire occidental qu'un facteur de risque en soi. Les mécanismes pouvant expliquer le possible rôle des produits animaux dans l'obésité font référence à la densité énergétique des charcuteries et des viandes de boucherie, à la satiété, à la vitesse de transit et à la richesse en oméga-3 du poisson.

---

13. La catégorie des pains et biscottes contient le plus de sodium (30 %), puis les charcuteries et fromages (12 %), et les soupes lyophilisées (8-10 %). Le jambon cuit contient 2 % de sel et le jambon sec 5 %.

▌ Maladies liées au vieillissement

Certains aliments d'origine animale, dont le poisson, peuvent jouer un rôle préventif dans les troubles et les maladies liés au vieillissement.

Les maladies neurodégénératives dont les démences de type Alzheimer (70 % des démences séniles), la maladie de Parkinson et les troubles de la cognition liés à l'âge, sont devenus un enjeu de santé publique. Dans la majorité des cas, les causes sont multifactorielles. En 2011, une revue systématique a conclu que les effets protecteurs des oméga-3 contenus dans le poisson présentent des niveaux de preuve convaincants, ce que confortent d'autres méta-analyses ainsi qu'une vaste revue de la littérature montrant que le régime méditerranéen réduit le risque de démence sénile. Aucune méta-analyse ne traite des liens entre démence et niveau de consommation d'œufs ou de viandes ou de charcuteries. Une seule méta-analyse note un effet protecteur du lait (basée sur une cohorte asiatique).

Les hypothèses mécanistiques sous-tendant les relations entre la nutrition et le vieillissement cognitif sont d'ordre métabolique et structural. Le cerveau, du fait de sa richesse en AGPI, est très sensible à l'oxydation lipidique. Les apports alimentaires en AGPI et en antioxydants ont ainsi probablement un rôle dans le maintien d'un bon fonctionnement cérébral.

Au cours du vieillissement, les personnes qui voient leur masse musculaire fondre excessivement sont atteintes de sarcopénie. Leurs muscles ne peuvent plus fonctionner normalement. La sarcopénie accroît le risque de mortalité et accélère l'entrée dans la dépendance (Beaudart *et al.*, 2017). La prévalence de la sarcopénie chez les seniors oscille entre 1 % et 30 % selon les études. Un consensus scientifique semble se dégager sur le fait que maintenir la masse et la fonctionnalité des muscles nécessite un apport accru en protéines chez les seniors. À ce jour, il n'existe pas de méta-analyse reliant le niveau de consommation de différents groupes d'aliments au risque de sarcopénie. Les neuf études identifiées dans la littérature portent principalement sur la viande, et leurs résultats suggèrent un effet plutôt protecteur. Les fortes teneurs et la biodisponibilité élevée des protéines dans les produits animaux ainsi que leur équilibre en acides aminés indispensables et leur teneur en leucine sont des critères favorables à la santé des personnes âgées, car ils permettent un maintien de leur consommation énergétique.

L'ostéoporose traduit une dégradation du renouvellement des os et accroît le risque de fractures. Les femmes y sont nettement exposées après la ménopause. L'alimentation est un des nombreux facteurs de risque qui lui sont associés. Il n'y a pas de conclusion claire sur les effets des aliments d'origine animale : si le calcium est impliqué dans la formation osseuse, les méta-analyses montrent qu'au-delà de 50 ans, les effets d'un apport renforcé en calcium ou en vitamine D sur la densité minérale osseuse sont minimes (l'apport de calcium est surtout important dans l'enfance et l'adolescence). Par ailleurs, l'effet du niveau de consommation de protéines sur la santé osseuse est controversé : certains travaux suspectent l'excès de consommation de protéines d'accroître les pertes calciques, mais des revues de littérature récentes infirment cet effet.

■ Précision des études épidémiologiques

De ce tour d'horizon des travaux d'épidémiologie nutritionnelle, il ressort que ceux considérant les catégories de produits sont encore peu nombreux et qu'ils ne différencient ni les types de viandes ou de poissons par espèce, ni les produits laitiers entre eux, ni les modes de production et de transformation. Une amélioration de la collecte des données aiderait à explorer les relations à un niveau plus précis en matière de produits. La charcuterie illustre cet enjeu. Elle couvre une large gamme de produits. Les études épidémiologiques ne permettent pas jusqu'à présent de les différencier, bien qu'ils puissent avoir des effets spécifiques sur la santé. Des enquêtes alimentaires dissociant les types de charcuterie seraient nécessaires pour préciser le message nutritionnel à leur égard. Les enregistrements de consommation sur 24 heures, comparés aux questionnaires de fréquence comportant des listes fermées et donc parfois des items globaux, sont un moyen d'accéder à ces informations.

Par ailleurs, l'utilisation de données moyennes de composition des aliments élimine les écarts potentiels de composition et rend invisibles les stratégies de différenciation de la production agricole favorables à la qualité des produits. Il est théoriquement possible d'avoir accès aux compositions spécifiques des aliments industriels à partir des données d'étiquetage, si les marques des produits consommés sont enregistrées lors de la collecte de données. Ce niveau de précision n'est pas atteignable pour des aliments bruts et ceux issus de la transformation artisanale.

Orientations pour la consommation et approches bénéfices-risques

■ Évolution des recommandations nutritionnelles

Les recommandations nutritionnelles du Programme national nutrition santé (PNNS) ont été actualisées pour les adultes en 2019 (tableau 2.5). Elles ont été élaborées à partir des rapports scientifiques de l'Anses (2017) et de l'avis du Haut Conseil en santé publique (HCSP, 2017).

Concernant la viande, il est recommandé de privilégier la viande de volailles et de limiter la consommation des autres viandes (porc, bœuf, veau, mouton, agneau, chèvre, chevreau, cheval, abats) à 500 g par semaine. D'un point de vue pratique, cette recommandation revient à ne pas dépasser 4 portions (100-120 g) de viande de boucherie par semaine. Environ 28 % des Français sont considérés comme de gros consommateurs de viandes de boucherie (› 490 g/semaine ; Credoc, 2013) et donc incités à réduire leur consommation. Pour les autres, en l'état actuel des connaissances, une réduction de consommation ne semble apporter ni un bénéfice, ni un préjudice significatif pour la santé. Il est également recommandé de limiter la charcuterie à 150 g par semaine, niveau inférieur à la consommation moyenne française (190-200 g/semaine) (Mariotti et Gardner, 2020) ; une proportion importante de la population (environ les deux tiers) est donc concernée par cette recommandation à la baisse.

Tableau 2.5. Recommandations 2019 du Programme national nutrition santé (PNNS) pour les adultes, consommations moyennes et indications sur le profil des consommateurs.

Catégorie	Poissons	Produits laitiers	Charcuteries	Viandes de boucherie	Volailles	Œufs	Légumes secs	Fruits et légumes
PNNS	2 portions par semaine, dont 1 poisson gras	2 portions par jour	Maximum 150 g par semaine	Maximum 500 g par semaine	Viande à privilégier	Pas de recommandation	Minimum 2 portions par semaine	Au moins 5 portions/j. Pas plus d'un verre de jus de fruit/j. Une petite poignée de fruits à coque non salés/j.
Consommation moyenne en France (INCA 3, 2014-2015)	23 g/j	Lait 75,3 g/j, fromage 30,9 g/j, beurre 9 g/j, yaourts 76,6 g/j, autres : 17,2 g/j	27,3 g/j soit (190 g/ semaine)	Viandes : 47,3 g/j (331 g/ semaine)	Volailles : 26 g/j	Œufs 3,7 g/j	7,7 g/j	Légumes : 113 g/j Fruits : 144 g/j Noix, graines et fruits oléagineux : 3,1 g/j
Profil des mangeurs	Les jeunes sont plus gros mangeurs que les seniors	Les ménages avec enfants sont les plus gros mangeurs	Les gros mangeurs sont les ménages modestes, l'ouest de la France, les plus de 35 ans	Les seniors sont des petits mangeurs	Les jeunes sont les gros mangeurs		1/3 des Français se déclarent consommateurs	1/4 des Français consomment les 5 portions/j

Sources : PNNS, Santé publique France et Anses (INCA 3).

Le PNNS conseille par ailleurs de manger deux produits laitiers par jour au lieu de trois avant cette actualisation de 2019 et deux portions de poisson (dont un gras) par semaine. De nouvelles recommandations concernent les légumineuses et les céréales non raffinées. Le PNNS encourage enfin à privilégier les produits alimentaires ne contenant pas ou peu de pesticides, les produits de saison et bruts plutôt qu'ultra-transformés car la formulation conduit souvent à des produits trop gras, trop sucrés et/ou trop salés.

Les tendances observées de baisse de la consommation de viande de boucherie et d'augmentation de la consommation de produits issus de l'agriculture biologique vont dans le sens des recommandations. En revanche, la progression des plats composites et des produits prêts à consommer dans l'alimentation est contraire aux messages nutritionnels.

▌ Niveau minimal de consommation de produits animaux

Si les seuils des consommations de viandes de boucherie et de charcuterie à ne pas dépasser sont globalement admis, les recommandations minimales de leur consommation ne sont pas documentées. Des études épidémiologiques se concentrant sur les petits consommateurs d'aliments d'origine animale pourraient ainsi clarifier les bénéfices-risques d'une réduction de la consommation en dessous des recommandations actuelles.

La comparaison avec les régimes végétariens porte principalement sur les risques de déficits ou de carences. Le débat scientifique est controversé. Les travaux en nutrition montrent classiquement que les régimes omnivores contenant des produits animaux en quantité raisonnable couvrent plus facilement les besoins nutritionnels humains que les régimes basés uniquement sur des végétaux. Des travaux récents observent qu'en Europe, les apports nutritionnels sont suffisants dans les régimes végétariens. Une revue récente de la littérature conclut que la consommation d'une variété de végétaux riches en protéines (légumineuses, noix et graines) couvre sans difficulté les besoins en protéines des régimes végétariens, tout en assurant un apport en acides aminés satisfaisant (Mariotti et Gardner, 2020). Une étude à partir de la cohorte française Nutrinet-Santé observe que les végétariens et les végétaliens n'ont pas plus de risques d'avoir une alimentation inadéquate par rapport aux recommandations nutritionnelles (Alles *et al.*, 2017) que les mangeurs omnivores. Des risques de déficit en calcium sont cependant identifiés pour les enfants végétaliens (De Smet et Vossen, 2016), et les végétaliens présentent des teneurs corporelles en fer, calcium et vitamine D plus basses que la population générale et que les végétariens (Haider *et al.*, 2018). La question des seuils bas se pose également ment pour les personnes âgées du fait des risques de dénutrition liés au vieillissement.

3. Propriétés et variabilité des produits bruts selon les conditions d'élevage et d'abattage

Ce chapitre examine les propriétés des produits bruts ou frais, c'est-à-dire n'ayant subi qu'une « première » transformation qui ne modifie pas ou peu l'aspect du produit (abattage, découpe et éventuellement maturation en chambre froide pour les viandes et la chair de poisson, stockage pour les œufs, réfrigération suivie d'une homogénéisation de la composition pour le lait).

Une abondante littérature scientifique décrit précisément les caractéristiques des produits bruts. Elle porte surtout sur les propriétés organoleptiques, technologiques, commerciales, nutritionnelles et sanitaires. La littérature est spécifique par espèce et par filière, mais elle est assez homogène dans ses approches. Les travaux s'attachent principalement à expliquer les déterminants de la qualité et à tester l'effet de modifications introduites dans les facteurs d'élevage. Ils portent rarement sur plusieurs propriétés à la fois, mais pointent certains effets corollaires, synergiques ou antagonistes. Depuis une vingtaine d'années, la recherche porte un effort particulier sur l'amélioration du profil en acides gras des produits animaux à travers l'alimentation des animaux.

Les propriétés d'image font l'objet d'un nombre croissant de travaux scientifiques, le plus souvent à l'échelle de l'élevage ou du produit. Les propriétés d'usage ont été surtout abordées dans des études portant sur la transformation ou les produits transformés (chapitre 4).

Les résultats peuvent diverger selon les protocoles de recherche et les filières, mais ils ne conduisent pas à des controverses méthodologiques ou conceptuelles. On note cependant un débat sur la pertinence du recours aux jurys d'experts ou aux jurys dits « naïfs » (non experts) dans l'évaluation des propriétés organoleptiques.

Les travaux synthétisant les informations disponibles dans la littérature (méta-analyses) sont rares. Cela accroîtrait pourtant la robustesse des lois de réponse entre les facteurs de production et les propriétés des produits. Enfin, le manque d'analyses multicritères limite les possibilités d'éclairer les synergies ou tensions entre propriétés.

Principales propriétés des produits bruts

Sont résumés ici les points marquants des propriétés des produits bruts étudiés : le lait, les viandes bovines et ovines, la viande de porc, la viande de volailles, les œufs et la chair de poisson. En annexe II les tableaux de synthèse des propriétés de chacun des aliments sont présentés. La composition moyenne des produits en nutriments a été récapitulée dans le chapitre 2, « Contribution à la couverture des besoins nutritionnels humains », p. 29.

▌ Lait

La collecte du lait démarre après la période d'allaitement des veaux ou des chevreaux (8 jours) ou des agneaux (1-1,5 mois). Le lait de brebis est presque deux fois plus riche en protéines et matières grasses que celui de vache ou de chèvre. Les matières grasses laitières apportent majoritairement des acides gras saturés et mono-insaturés et, en quantité plus faible, des acides gras poly-insaturés (LA et ALA majoritairement). Le lait contient naturellement de nombreux minéraux, dont le calcium, et des vitamines (A, D, B2, B5, B8, B9, B12 et E). Le lait de brebis se distingue par sa richesse en calcium, phosphore, magnésium, zinc et cuivre. Les protéines du lait sont hautement digestibles (> 95 %) et riches en acides aminés indispensables.

À l'exception de certains laits crus fermiers, le lait est homogénéisé avant d'être commercialisé. C'est-à-dire que la taille des globules gras est réduite de façon à garantir l'aspect homogène du lait et à prévenir la remontée de la crème à la surface. Les laits, qu'ils aient subi un traitement thermique (lait pasteurisé ou UHT) ou non (lait cru), sont par ailleurs standardisés, c'est-à-dire que leurs teneurs en matières grasses sont normées selon trois catégories : lait entier (3,5-4,4 % de matières grasses), demi-écrémé (1,5-1,8 % de MG) et écrémé (< 0,5 % de MG).

Le lait est payé aux éleveurs en fonction de la quantité livrée, de la teneur en matières grasses et protéiques ainsi que du nombre de cellules somatiques et de germes totaux. Ces critères commerciaux coïncident avec des critères sanitaires et technologiques. La flore native du lait détermine les propriétés qui résulteront de sa transformation. Les filières de fromages au lait cru contestent de ce fait le bien-fondé de la réduction systématique de la charge microbienne[14]. Plus généralement, les propriétés technologiques du lait dépendent de sa composition chimique (protéines, matières grasses, minéraux, pigments, antioxydants, enzymes) et microbiologique (nature et abondance des micro-organismes) ainsi que de l'organisation supramoléculaire des différents constituants. La teneur en caséines et l'intégrité des agrégats de caséines (micelles) et de minéraux influent, par exemple, sur l'aptitude du lait à coaguler, ce qui est la première étape de toute fabrication fromagère. Le rendement fromager, quantité de fromage obtenue avec une quantité donnée de lait, varie selon la teneur en eau du fromage : il est de l'ordre de 14 % pour un fromage à pâte molle comme le camembert et de 9 % pour un fromage à pâte pressée cuite comme le comté.

---

14. Les connaissances sur les déterminants de la composition microbiologique du lait cru sont encore insuffisantes. Elles ont été recensées dans un ouvrage de synthèse coordonné dans le cadre du Réseau mixte technologique Fromages de terroirs, voir : http://www.rmtfromagesdeterroirs.com/themes-de-travail/microflores-des-laits-et-des-fromages (consulté le 20/11/2020).

▌ Viandes bovines et ovines

Comme elles sont issues à la fois de troupeaux allaitants et laitiers, les viandes bovines et ovines couvrent une grande diversité de types d'animaux : plusieurs races, des animaux abattus jeunes (veaux, agneaux) ou plus âgés, des mâles castrés ou pas et des femelles jeunes ou de réforme. Les bovins de races laitières présentent une proportion de muscles moindre que ceux issus de races dites « à viande ». Les races rustiques sont souvent intermédiaires. Même si elle constitue un élément important de différenciation de la qualité de la viande bovine, la race ne fait pas l'objet d'une mention obligatoire. Elle est cependant très souvent communiquée aux consommateurs en lien ou non avec le respect d'un cahier des charges. Le mode d'élevage influence aussi les propriétés commerciales de la carcasse, souvent par son effet sur la vitesse de croissance de l'animal et le degré d'engraissement.

Les préférences des consommateurs sont liées aux particularités nationales et régionales. Les viandes de boucherie vendues en frais à la découpe sont le premier débouché des viandes bovines et ovines. Elles reculent néanmoins en viande bovine, ainsi que la diversité des pièces vendues : les morceaux à bouillir et à braiser sont délaissés au profit de ceux à rôtir, à griller et surtout de la viande hachée, ce qui n'est pas le cas pour la viande ovine. La part de viande transformée étant faible, l'aptitude à la transformation est un critère de moindre importance. Cependant, la capacité de rétention d'eau (qui module les propriétés organoleptiques et sanitaires) et l'aptitude à la conservation par réfrigération sont essentielles.

En viande bovine, la couleur rouge vif, associée à la fraîcheur du produit, est le premier critère d'appréciation par les consommateurs. Il a gagné en importance avec le développement de la distribution des viandes en grandes et moyennes surfaces. La graisse visible, tant à l'extérieur (marbré) qu'à l'intérieur (persillé) du muscle, est associée à la flaveur. La tendreté et le caractère juteux sont des critères d'appréciation *a posteriori*, mais importants pour les consommateurs. La viande ovine présente une flaveur plus intense que les autres viandes, qui peut rebuter certains consommateurs, entre autres les jeunes en France, peu habitués à la consommer, contrairement aux Anglais qui en mangent régulièrement.

Du point de vue nutritionnel, les viandes bovines et ovines se démarquent par leur richesse en fer héminique et sont surtout une source majeure de vitamine B12. Leur composition en acides gras fait souvent l'objet de critiques en raison de la proportion élevée d'acides gras saturés et mono-insaturés, qui représentent chacun plus de 40 % des acides gras totaux. Elles sont cependant des sources d'oméga-6 et d'oméga-3. La finition à l'herbe, notamment pâturée, permet d'enrichir la viande en oméga-3, encore plus chez les ovins que chez les bovins, du fait du comportement alimentaire plus sélectif des ovins pour les feuilles (plus riches en oméga-3).

La viande fraîche est un produit très périssable. Sa conservation repose principalement sur l'utilisation du froid et la modification de l'atmosphère. L'aptitude de la viande à la conservation est une composante majeure de sa qualité. Sa stabilité microbiologique et physico-chimique repose sur les pratiques d'hygiène. Elle est, de plus, influencée par certaines de ses caractéristiques intrinsèques, en particulier sa sensibilité à l'oxydation (liée en particulier à sa teneur en AGPI), et l'équilibre entre les facteurs pro-oxydants (comme la teneur en fer héminique) et antioxydants (comme la teneur en vitamine E). Ces caractéristiques méritent l'attention de la recherche du fait du lien épidémiologique établi entre la consommation de viandes rouges et l'incidence du cancer colorectal (implication des produits de la peroxydation lipidique).

Comparativement aux autres filières, la viande ovine bénéficie d'une image de naturalité qui ne correspond cependant pas toujours aux pratiques d'élevage. Ainsi, en France, la majorité des agneaux sont engraissés en bergerie, pour différentes raisons : reproduction sexuelle à contre-saison pour satisfaire un approvisionnement régulier toute l'année en carcasses et viandes de qualité homogène, risques d'aléas climatiques, parasitaires et de prédation, recherche de simplification du travail en élevage, etc.

▌ Viande de porc

La viande de porc, la plus consommée en France et en Europe, provient très majoritairement d'élevages intensifs, avec des animaux vivant confinés en bâtiment, sur un sol en béton ajouré (caillebotis). Ce système présente le coût de production le plus bas. Les autres systèmes qui élèvent les animaux sur litière de paille et/ou en plein air et produisent de la viande sous SIQO sont très minoritaires. La part des produits bénéficiant d'un signe officiel de qualité est faible, mais en forte croissance. La préoccupation croissante en matière de bien-être animal entraîne une réduction de la pratique de la castration des porcelets mâles ; elle recule en France, en Allemagne et aux Pays-Bas. La castration évite le risque d'odeurs désagréables à la cuisson de certaines viandes issues de mâles entiers et elle augmente l'engraissement. La production de mâles « entiers » est historiquement majoritaire en Espagne, en Irlande et au Royaume-Uni.

L'offre en viande fraîche est peu diversifiée et ne représente qu'une minorité des débouchés. Trois quarts du volume des viandes de porc sont commercialisés sous forme de charcuteries cuites ou sèches (salées, fumées ou fermentées), généralement en produits prêts à consommer. La viande provient de « porcs charcutiers » issus de croisements génétiques axés sur la teneur en viande maigre. Ces mêmes lignées génétiques sont utilisées en production biologique ou Label rouge, soulignant le manque de ressources génétiques dédiées aux productions différenciées. Les porcs de races locales constituent un marché de niche (souvent sous SIQO).

Des problèmes de déstructuration de la viande sont apparus depuis vingt ans et touchent actuellement environ 15 % des jambons en France. La viande présente une perte de l'aspect fibreux des muscles profonds du jambon, voire de la longe, entraînant des défauts de texture et des difficultés de tranchage du jambon cuit (voir « Phénomènes de déstructuration des viandes et de la chair de poisson » p. 70).

▌ Viande de volailles

La viande de volailles recouvre une diversité d'espèces parmi lesquelles le poulet et la dinde sont majoritaires. La viande de volailles est celle qui est la plus consommée au

monde (devant le porc), du fait d'un prix inférieur à celui des autres viandes, du fort développement des produits découpés et transformés et d'une plus grande tolérance religieuse.

L'amélioration du bien-être des volailles est une demande forte des consommateurs européens. L'âge à l'abattage a tendance à augmenter alors qu'il était tombé jusqu'à 35 jours. Les élevages confinés sont incités à enrichir le milieu de vie des animaux (bottes de paille, ballons, etc.) et ceux avec parcours extérieurs (*free range*) se développent. Plusieurs labels « bien-être » ont vu le jour en Europe, sous l'égide des pouvoirs publics aux Pays-Bas – pionnier en 2005 – et en Allemagne, ou initiés par des distributeurs au Royaume-Uni et récemment en France – deux groupes distributeurs en 2019 et 2020. Ces labels ne représentent toutefois que 3 % des ventes sur les marchés nationaux.

Les trois quarts de la production de poulets en France sont vendus à la découpe ou destinés à la transformation. Les poulets vendus entiers sont devenus minoritaires (25 %). Les produits élaborés sont surtout issus de la production de volailles dites « standards », caractérisées par une vitesse de croissance rapide et des rendements en filets élevés, ce muscle étant particulièrement plébiscité par les consommateurs et les industriels des pays occidentaux. La sélection génétique axée sur ces critères a abouti à des défauts du tissu musculaire visibles sur le filet depuis une dizaine d'années (voir « Des propriétés commerciales qui ne préjugent pas des propriétés organoleptiques et technologiques », p. 68).

La viande de poulet présente peu de variation dans sa composition en protéines (25 % dans le filet) et en minéraux (1,1 %). La teneur en lipides, plus variable, est néanmoins faible, environ 1,3 % dans le filet. La filière recherche actuellement à augmenter la teneur en oméga-3 de la viande de poulet. Si la viande de volailles est recommandée d'un point de vue nutritionnel, d'un point de vue sanitaire, elle reste fortement impliquée dans les toxi-infections alimentaires collectives, en particulier à *Campylobacter*.

Enfin, une étude, réalisée au Canada en 1999, a montré que la propriété d'usage (variété des modes de cuisson et des recettes) était le premier critère pris en compte pour l'achat de viande de poulet.

❚ Œufs

Depuis les années 2000, en Europe, les mouvements de consommateurs poussent pour abandonner l'élevage de poules pondeuses en cage (prévu pour 2025) et développer l'élevage au sol avec volières et l'accès à un espace extérieur ou à un parcours en plein air. La filière œuf est pionnière dans l'étiquetage du mode de production, indiqué par un chiffre sur chaque œuf[15].

Les propriétés sanitaires sont un enjeu important, car le nombre de cas de salmonelloses humaines, en augmentation au niveau européen, est associé à une prévalence accrue chez les poules pondeuses. En France, les œufs représentaient 60 % des TIAC à salmonelles au cours de la période 2006-2010 (Anses, 2018). Les multiples usages des œufs crus ou peu

---

15. 0 : poules élevées en bio ; 1 : poules élevées en plein air ; 2 : poules élevées au sol (volière) ; 3 : poules élevées en cage.

cuits dans les préparations culinaires de type mayonnaise figurent parmi les causes fréquentes de salmonelloses. Cela explique le développement des ovoproduits pasteurisés en restauration collective (chapitre 4). Par ailleurs, la contamination des œufs par des polluants organiques persistants (POP) de type PCB et dioxines devient une préoccupation, car l'exposition et le niveau de contamination des poules sont en hausse. Ces contaminations proviennent des aliments pour animaux (ingrédients recyclés, ayant subi des traitements de conservation, etc.), de l'environnement intérieur (revêtements, litières) et/ou extérieur (ingestion de sédiments, végétaux, terre, poussières, résidus, etc.).

Notons que l'allergie à l'œuf est la deuxième cause d'allergies alimentaires chez les enfants avant 5 ans, mais elle disparaît ensuite. Du point de vue nutritionnel, l'œuf est un aliment complet, peu calorique (75 kcal) et hautement digestible une fois cuit. Le blanc est une solution saline comprenant 11 % de protéines ; le jaune contient 16 % de protéines et, en moyenne, 34 % de lipides dont 4 % de cholestérol. Les propriétés technologiques foisonnantes (blanc) et émulsifiantes (jaune) de l'œuf sont très utilisées. L'œuf est ainsi une matière première de choix pour la production d'ingrédients alimentaires.

▌ Chair de poisson

L'élevage de poisson recouvre d'un côté une pisciculture extensive en étang, basée sur l'utilisation de la chaîne trophique aquatique (carpe, gardon, etc.), et de l'autre une pisciculture intensive en bassins (truites, saumon) ou en cages marines (bar, dorade, turbot en France, saumons en Norvège, pays qui concentre trois quarts des volumes piscicoles européens), avec une alimentation apportée par l'éleveur (FranceAgriMer, 2017).

La chair de poisson est en général appréciée pour sa naturalité et son image diététique. Néanmoins, on reproche aux systèmes d'élevage intensifs d'abriter des populations de poissons denses vivant dans des milieux artificiels, de consommer beaucoup d'eau et de polluer en relarguant dans l'environnement des effluents contenant des nutriments et résidus de traitements. De nouveaux systèmes de circuits d'eau « re-circulée » cherchent à optimiser la ressource en eau et utilisent les effluents pour des cultures aquaponiques.

La richesse de la chair de poisson en oméga-3 à longue chaîne (EPA et DHA) en fait un produit de fort intérêt nutritionnel, surtout les poissons gras. Cependant, cet atout repose, pour une large part, sur leur alimentation. Or la raréfaction des ressources marines du fait de la surpêche minotière en rehausse le coût. De plus, le risque de contamination chimique des poissons de mer est devenu une préoccupation. Ces deux phénomènes ont conduit à substituer l'approvisionnement en aliments d'origine marine par des farines et huiles végétales d'origine terrestre. La proportion de cette incorporation dans les aliments pour poissons peut dorénavant atteindre 80 %. Les contaminations chimiques d'origine marine ont chuté. En revanche, cette substitution affecte défavorablement les performances de croissance des poissons ainsi que le profil lipidique de leur chair, et donc dégrade leurs propriétés nutritionnelles et organoleptiques (Medale *et al.*, 2013).

La plupart des espèces aquacoles sont de domestication récente, avec pour conséquence des lots hétérogènes en poids et en morphologie, alors que ce sont les premières propriétés commerciales recherchées. La sélection génétique concourt à améliorer la croissance, à réduire cette variabilité et à maîtriser l'adiposité.

Facteurs de variation de la qualité des produits bruts et transformés

LE TABLEAU 3.1 MONTRE QUE DE NOMBREUX FACTEURS INFLUENCENT chaque propriété (colonnes) et qu'un même facteur (ligne) peut jouer sur plusieurs propriétés. La multiplicité des déterminants, leur combinaison, voire leurs interactions, expliquent que l'on considère que la qualité « se construit » tout au long de la chaîne d'élaboration, depuis les caractéristiques des animaux (espèce, type racial, type sexuel, âge), les conditions d'élevage, de transport et d'abattage pour la viande et la chair de poisson, puis de transformation, de conservation, de commercialisation, jusqu'à la préparation culinaire. Ce tableau couvre les produits bruts étudiés dans ce chapitre et les produits transformés qui seront analysés dans le chapitre suivant.

La figure 3.1 illustre le tableau 3.1 avec l'exemple de la viande. Entre l'animal et l'aliment consommé, le muscle est devenu viande puis plat préparé. Les différents éléments présentés sont détaillés dans les paragraphes suivants. Sont ainsi informées les étapes (élevage, abattage, réfrigération, etc.) où se modulent les propriétés (chapitres 3 et 4) et principaux indicateurs de ces propriétés (en italique dans la figure, détaillés dans le chapitre 6).

Figure 3.1. Les différentes propriétés visées au cours des principales opérations unitaires d'élaboration de la viande et des produits carnés.

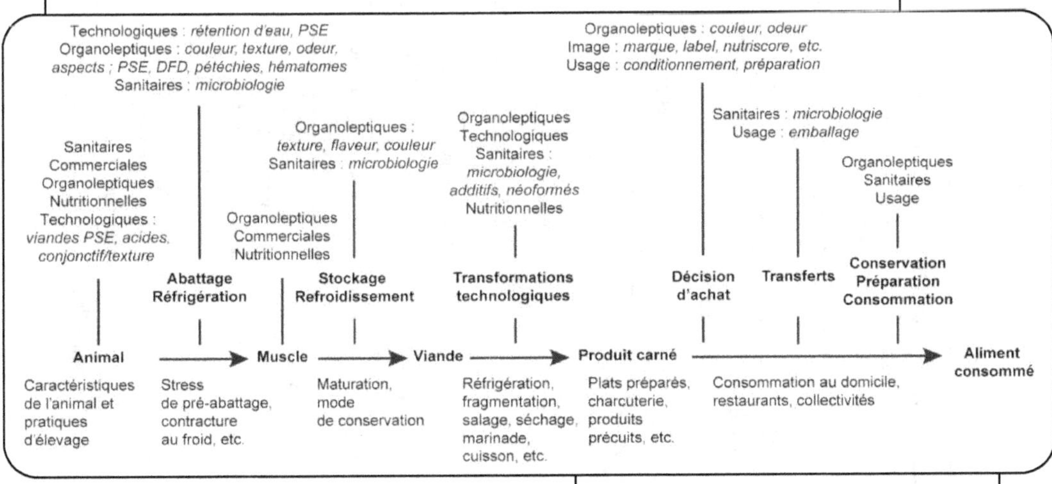

PSE : *pale, soft, exsudative* ; DFD : *dark firm dry.*

Tableau 3.1. Facteurs intervenant sur les différentes propriétés constitutives de la qualité des aliments d'origine animale (œuf, laits, viandes et chair de poisson et produits transformés). Le tableau indique les possibles sources de variation.

Légende des cases : M = Facteur modéré de variation ; J = Facteur majeur de variation ; case vide = aucun facteur indiqué.

	Facteurs/étapes	Propriétés						
		Commerciales	Technologiques	Organoleptiques	Sanitaires	Nutritionnelles	Usage	Image
Caractéristiques de l'animal	Santé, et nutrition de la mère	M				M		
	Génétique, race, souche	J	J	M		M		M
	Type sexuel	J		M			M	
	Stade physiologique (lait)	M	M					
	Âge ou poids de l'animal	J	J	J	M	M		M
Pratiques d'élevage	Localisation (terroir, périurbain...)	M	M			M		
	Habitat des animaux			M	M	M		
	Hygiène	M	M		J			M
	Bien-être, mutilation, castration			M	M			J
	Densité des animaux			M	M			M
	Alimentation des animaux	J	J	M	M	J		J
	Médication (antibiotiques)	M	M		J	M		J
Collecte, transport, abattage	Collecte, transport	M	M		M	M		
	Pré-abattage, abattage (viandes chair de poisson)	M	J	J	M	M		J
Transformation de la matière première	Modes de conservation	M	M	J	J	J	M	
	Fractionnement	J	M	M	M	J	M	
	Modalités de cuisson	M	M	J	J	M		
	Salage, fumage, fermentation	M	M	J	J	M		
	Formulation (dont additifs)	M	M	J	J	J	M	
Distribution	Conditionnement, portion	M	M	M		M	J	
	Commercialisation	M	M	M	M	M		
Préparation domestique	Conservation (chaîne du froid)			M	M	M	J	
	Modalités de cuisson			J	J	J		J

Outre la phase d'élevage, les produits bruts sont concernés par la collecte (lait, œufs) et/ou l'abattage (viandes, poissons). Ils sont ensuite conservés, conditionnés, transportés et cuisinés. Dans la suite de ce chapitre, on se centrera sur les étapes d'élevage et d'abattage (afin d'aller jusqu'à la transformation du muscle en viande) pour comprendre les rôles des pratiques et des modes d'élevage dans la construction de la qualité des produits. Les étapes de transformation seront traitées dans le chapitre suivant.

Construction et altération de la qualité des produits pendant la phase d'élevage

SONT ICI DÉTAILLÉES LES PRINCIPALES ÉTAPES et facteurs qui infléchissent les propriétés des produits bruts. Certaines étapes sont critiques, d'autres, au contraire, restaurent certaines propriétés ou corrigent des défauts.

▌ Une composition des produits diversement sensible aux facteurs d'élevage

Les facteurs d'élevage n'affectent pas de la même manière tous les nutriments. La teneur en protéines et le profil en acides aminés sont plutôt stables, quelles que soient les conditions d'élevage, tandis que la teneur en lipides et le profil en AG de ces lipides varient beaucoup. La composition des œufs en macronutriments apparaît particulièrement stable quel que soit le mode d'élevage. La teneur en protéines et le profil en acides aminés ne varient pas ou peu pour la viande et la chair de poisson : ils sont stables pour une espèce et un type de muscle donnés. De même, si la teneur en protéines totales du lait peut varier, la composition en protéines du lait varie peu, sauf en cas de mammite, infection bactérienne assez fréquente.

En revanche, la teneur en lipides et la composition en AG des lipides des produits animaux bruts varient beaucoup selon l'alimentation des animaux. Il en est de même pour la teneur en minéraux et vitamines. La viande, le lait et les œufs des animaux élevés en « plein air » ou « à l'herbe » sont généralement plus riches en vitamines, minéraux et oméga-3, et ce d'autant plus que les animaux ont accès à une flore diversifiée. Les supplémentations ajoutées dans les aliments industriels que mangent les animaux peuvent enrichir significativement les profils en micronutriments des viandes, œufs ou chairs de poisson. Le cas du lait est singulier, car sa teneur en matières grasses est standardisée avant consommation (pour toutes les espèces).

▌ Sélection génétique orientée par les propriétés commerciales

La primauté accordée aux propriétés commerciales a fortement orienté la sélection génétique (quantité de lait, rendement en muscles, taux de ponte) et le type d'animal (spécialisation pour une seule fonction productive). La diversité génétique des animaux de rente s'est beaucoup restreinte, voire est extrêmement limitée chez la volaille de chair ou de ponte (moins de cinq souches couvrent le marché mondial) et chez le porc (croisements entre quelques races). La sélection a permis des gains de productivité considérables dans toutes les filières, mais rend difficiles d'une part la valorisation de certains animaux ne rentrant pas dans les « canons » de la qualité commerciale et d'autre part l'adoption de pratiques d'élevage agroécologiques, telles que le pâturage pour l'engraissement d'ovins ou de bovins peu rustiques. Elle est aussi à l'origine de défauts de structure des tissus musculaires (voir « Phénomènes de déstructuration des viandes et de la chair de poisson », p. 70).

Les races locales sont alors un critère de différenciation intervenant à la fois sur les propriétés d'image, organoleptiques et nutritionnelles. Les laits issus de races locales sont ainsi souvent plus riches en AGPI que celui des vaches Holstein (génotype dominant dans le troupeau laitier). De même, les races à viande rustiques présentent des teneurs en gras intramusculaire plus élevées, offrant des viandes plus persillées que celles des races à viande dominantes (qui ont été sélectionnées pour le développement musculaire et l'efficacité alimentaire, donc vers le tissu maigre et l'augmentation du poids de la carcasse). Chez les bovins, les différences de précocité entre races influencent la couleur et la tendreté de la viande. Les types génétiques anglo-saxons et les races laitières, plus précoces que les races à viande continentales, présentent une viande plus rouge à un âge donné. Les écarts de tendreté entre races bovines sont liés à des proportions différentes entre types de fibres musculaires et entre leurs teneurs en tissu conjonctif et en lipides intramusculaires. Dans l'espèce porcine, certaines races (Duroc) ou lignées ainsi que les races locales à croissance lente donnent des viandes dont la qualité gustative des produits est reconnue. La préservation des races locales et anciennes constitue donc un enjeu en matière de propriétés organoleptiques et nutritionnelles. Ces races jouent de plus un rôle économique et culturel important dans certains territoires.

Jusqu'à présent, les races ont souvent été spécialisées sur une seule fonction productive : la production de lait (volume/vache), de viande (masse musculaire et prolificité des femelles) ou d'œufs (nombre d'œufs/poule). Cette stratégie prive de débouchés les mâles dans les filières laitières et de ponte. Cette impasse liée à la spécialisation de l'orientation productive relance le débat, d'une part, sur les races dites « mixtes » car présentant un compromis entre la production de viande et de lait ou de viande et d'œufs et, d'autre part, sur l'intérêt des croisements entre races, peu pratiqués en France (image positive des races pures) contrairement à d'autres pays. La race ovine Lacaune est un bon exemple de race mixte, avec de bonnes aptitudes à la fois laitières et bouchères (les agneaux mâles issus des troupeaux laitiers sont engraissés).

Le caractère héritable de la teneur des produits bruts en certains composants d'intérêt pour la qualité, comme le profil en AGPI, mériterait d'être davantage exploré. Des recherches pionnières chez les poissons et dans les filières laitières montrent que la teneur en DHA pourrait être un caractère héritable. Néanmoins, pour le moment, aucun schéma de sélection ne l'utilise. Dans la filière porcine, le contrôle des niveaux d'androstérone des viandes de porcs mâles entiers par la voie génétique pour réduire les risques d'odeurs indésirables de la viande est envisageable (recherches en cours).

▎ Caractéristiques individuelles de l'animal, valorisées ou contraignantes

L'âge des animaux est un critère important pour plusieurs des propriétés constitutives de la qualité. Avec l'âge, la flaveur des viandes devient généralement plus prononcée et leur couleur plus rouge (bovins et ovins) ; la teneur en certains nutriments peut au contraire diminuer (lait, œufs). La tendreté diminue avec l'âge (viandes bovines, ovines et de volailles). L'âge des animaux à l'abattage peut jouer sur le niveau de contamination des viandes, chairs de poisson, œufs par les polluants environnementaux, ceux-ci s'accumulant dans les tissus au cours de la vie de l'animal. Dans une optique de productivité, la tendance a été de raccourcir la durée de vie des animaux, ce qui pose des questions éthiques. Les poules pondeuses d'œufs standards sont abattues vers 18 mois quand leur production d'œufs décline, alors que leur espérance de vie avoisine 10 ans. Les vaches laitières vivent en moyenne 5-6 ans (2,7 lactations en moyenne), alors que leur vie biologique est de 20 ans. Dans les filières viandes, l'âge à l'abattage des jeunes (agneaux, veaux) comporte une forte dimension culturelle qui varie selon les pays et les régions.

Le poids, la conformation des animaux ou la taille des œufs sont des critères commerciaux de tri et de déclassement. Ces critères commerciaux facilitent la standardisation des manipulations à l'abattage, mais éliminent de la consommation humaine des carcasses et des œufs dont les propriétés organoleptiques, nutritionnelles et sanitaires sont pourtant satisfaisantes. Dans certaines espèces (ovins, par exemple), les aléas de poids ou de conformation peuvent être dus en partie à une sous-alimentation de la mère pendant la gestation.

Que les animaux soient des femelles, des mâles ou des mâles castrés modifie les propriétés des viandes, du fait d'une teneur en lipides intramusculaires plus élevée chez les femelles et les mâles castrés. Les hormones sexuelles interviennent aussi. La viande porcine est particulièrement concernée, car des odeurs et flaveurs indésirables de la viande de certains porcs mâles entiers dégradent nettement les propriétés organoleptiques. La castration limite ces défauts dans la viande de porcs mâles. Enfin, des recherches sur la détection des carcasses odorantes de porcs mâles entiers visent à orienter la viande, dès la ligne d'abattage, vers des procédés de transformation adaptés. Chez les salmonidés, la production de poissons mono-sexes femelles triploïdes évite les effets négatifs de la maturation sexuelle sur la qualité de la chair, mais pourrait dégrader le bien-être.

▎ Alimentation des animaux, un facteur majeur

L'alimentation de l'animal est un facteur déterminant des propriétés organoleptiques, nutritionnelles, technologiques et d'image, du fait de son rôle dans la teneur et la composition des matières grasses et de certains micronutriments d'une part, et de la place accordée au plein air et aux prairies comme milieux de vie de l'animal d'autre part.

Pour des motifs de santé humaine (fonctions cardio-vasculaires, en particulier), toutes les filières animales cherchent depuis une quinzaine d'années à augmenter la teneur en oméga-3 des produits animaux. Cette orientation privilégie l'herbe chez les ruminants, et l'apport d'aliments concentrés riches en huiles et graines de lin, lupin, féverole, colza chez les monogastriques et les ruminants, ou de farines ou huiles de poisson chez les poissons d'élevage.

Chez les ruminants, les rations à base d'herbe (pâturage, foin, ensilage d'herbe) sont à l'origine de laits et de viandes généralement moins riches en matières grasses que ceux issus d'animaux alimentés avec une ration à base d'ensilage de maïs et/ou de concentrés (sauf chez la brebis laitière), mais plus riches en oméga-3, CLA et antioxydants. Les effets sont accrus avec des fourrages à base de légumineuses ou provenant de prairies diversifiées. Les propriétés nutritionnelles des produits sont donc améliorées.

Le tableau 3.2 illustre les variations des quantités d'acides gras apportées par 100 g de viandes bovine et ovine. Il montre que la viande issue de bovins nourris à l'herbe réduit de 21 % l'apport en acide palmitique, considéré comme pro-athérogène, par rapport à celle issue d'un animal qui mange des aliments concentrés. Elle est environ deux fois plus riche en ALA et oméga-3. Les résultats sont convergents pour la viande d'agneau produite à l'herbe par rapport à celle issue d'un animal nourri avec une ration à base de concentrés. Le rapport oméga-6/oméga-3 est beaucoup plus favorable pour la viande produite à l'herbe. Consommer 100 g de viande d'agneau élevé à l'herbe couvre ainsi 4,8 % (43 mg) et 6,4 % (32 mg) des apports recommandés d'ALA et d'oméga-3 à longue chaîne (EPA + DHA), contre 2,4 % (22 mg) et 4,3 % (21,6 mg) si la viande est issue d'un agneau nourri à base de concentrés.

Tableau 3.2. Qualité des acides gras apportés par les viandes bovine ou ovine (mg/100 g de muscle *Longissimus thoracis*) selon le régime de l'animal.

Acides gras	Viande bovine			Viande ovine	
	Ration à base de concentrés	Ration à base d'ensilage de maïs	Alimentation à l'herbe	Ration à base de concentrés	Alimentation à l'herbe
Acide palmitique	722	538	570	600	382
AGPI totaux	352	178	229	314	280
Oméga-3 totaux	35	19	63	50	85
ALA	15	10	33	22	43
EPA	8,2	3,6	14,9	14	21
DPA	17	6,6	22	23	23
DHA	2,3	2,0	4,0	7,6	10,6
CLA	8,2	9,2	12,6	17	26
C18:2/C18:3	20,3	13,3	5,8	11,0	3,7
Oméga-6/oméga-3	10,0	8,70	2,4	7,71	2,66

Source : Berthelot et Gruffat, 2018.

De même, les viandes issues de volailles et de porcs vivant en plein air sont plus riches en oméga-3 que celles des animaux élevés en bâtiments. Toutefois, quel que soit le mode d'élevage, l'incorporation d'aliments riches en oméga-3 améliore les propriétés nutritionnelles des viandes et des œufs. De nombreux travaux soulignent l'intérêt du lin dans les rations animales. La part des apports recommandés d'oméga-3 couverts par 100 g de produit augmente quand des graines de lin extrudées sont apportées dans l'aliment des animaux (Mourot et de Tonnac, 2015) : par exemple de 3,5 % à 17 % pour une côte de porc et de 2 % à 20 % pour les œufs. Les besoins en EPA et surtout en DHA restent peu couverts (sauf pour les œufs). L'incorporation est généralement inférieure à 5 % des lipides totaux car, au-delà, il y a des risques d'apparition de défauts de flaveur liés à l'oxydation des AGPI dans le produit.

Une supplémentation en antioxydants protège les AGPI de l'oxydation, et limite la formation de produits secondaires de l'oxydation, les aldéhydes en particulier, qui sont associés à l'effet promoteur des produits carnés sur le risque de cancer du côlon. L'encapsulation des graines apportées aux animaux limite ces défauts et les pertes au cours du transit digestif chez l'animal. La combinaison des apports d'oméga-3 et de certains antioxydants peut également agir sur les propriétés sanitaires, si ces derniers ont un effet antimicrobien. Le couple lin + vitamine E est le plus étudié, il semble offrir le meilleur compromis entre odeur/flaveur et apport en oméga-3 pour les produits étudiés dans l'expertise. La vitamine E peut être d'origine naturelle (l'herbe verte en est riche), synthétique ou microbienne.

Il reste néanmoins plus efficace, pour couvrir les besoins humains en oméga-3, de manger du poisson gras que de la viande, des œufs ou du lait enrichis en oméga-3. En effet, 100 g de saumon apportent environ 1,48 g d'EPA + DHA, soit presque trois fois le niveau des recommandations journalières.

La « végétalisation » de l'alimentation des salmonidés, qui sont des poissons carnivores, répond à des impératifs de durabilité (abaisser la pression de la pêche minotière sur les peuplements de poissons), sanitaires (métaux lourds, POP) et économiques (les nutriments d'origine végétale sont moins chers). La part des farines de poisson dans les aliments pour poissons est ainsi tombée à 28 % et pourrait être encore divisée par deux d'ici peu. Cependant, l'enjeu est de ne pas réduire parallèlement la teneur en oméga-3 à longue chaîne dans la chair du poisson. Le cahier des charges de l'agriculture biologique ne suit pas cette végétalisation : au nom du respect du comportement naturel de l'animal, il impose un minimum de 40 % d'aliments d'origine animale pour les poissons carnivores, comme la truite ou le saumon. En effet, les farines et huiles issues de la pêche minotière peuvent contenir en effet des métaux lourds et polluants organiques persistants que les poissons marins ont accumulés dans leur chair et qui se retrouvent *in fine* dans celle des poissons d'élevage qui les ingèrent.

Enfin, les animaux d'élevage mangent de nombreux coproduits de l'industrie agro-alimentaire (tourteaux, drèches, cosses, son et pulpes de betteraves, etc.). Ces valorisations tendent à se diversifier. En région méditerranéenne, des produits tels que des pulpes de légumes ou d'agrumes, ou des grignons d'olive, sont, par exemple, inclus dans la ration des troupeaux de ruminants. Ces matières sont souvent riches en tannins, composés aromatiques et matières grasses qui peuvent présenter un intérêt pour la qualité des produits. Leurs effets sont, cependant, encore peu documentés. Or ces stratégies de recyclage peuvent conduire à augmenter les risques de contaminations, comme l'a montré la crise des œufs dits « à la dioxine » en 1999, où des huiles recyclées contaminées par de la dioxine avaient été incorporées dans des aliments pour poules pondeuses.

▌ Impacts sanitaires de l'élevage de plein air ou confiné

Les relations entre la contamination des produits alimentaires d'origine animale et les systèmes d'élevage ne sont pas bien documentées. Il ressort cependant que les systèmes d'élevage confinés et de plein air présentent des niveaux de risques similaires, bien que sensibles à des voies de contamination différentes.

Tous les modes d'élevage sont exposés aux deux principaux pathogènes, *Salmonella* et *Campylobacter*. Leur prévalence est très élevée dans les élevages de volailles. Elle n'induit cependant pas un niveau de risque élevé pour l'homme, sauf accidents sanitaires, lesquels interviennent généralement en aval de l'élevage. Ces accidents surviennent surtout lors des étapes de première transformation par la contamination des carcasses, du lait et des œufs ou bien lors de la conservation, puis de la préparation des repas à la maison, par contamination croisée entre aliments (utilisation d'un même couteau pour des légumes mal lavés et de la viande, par exemple). Hormis ces deux pathogènes majeurs, l'exposition aux risques sanitaires varie selon les modes d'élevage.

Les élevages confinés en bâtiment, présentant une forte densité d'animaux, sont logiquement sensibles aux maladies épidémiques (grippes, pestes) et à la pollution de l'air ambiant, du fait de l'émission de poussières et de gaz (ammoniac dégagé par les effluents) causant des troubles respiratoires. Il n'existe pas de statistique globalisant les pertes en animaux malades, mais cette problématique contribue à la mauvaise image des élevages intensifs. Les viandes, chairs de poisson, laits et œufs captent particulièrement les polluants chimiques. Dans les élevages confinés, les risques proviennent d'une part des aliments du bétail (ingrédients pollués, résidus de pesticides dans les végétaux, mycotoxines) et d'autre part du contact avec des matériaux traités (revêtement, matériels) ou des litières (mycotoxines). L'accès au plein air expose, lui, les animaux aux contaminants environnementaux, qu'ils soient biologiques (virus, bactéries, parasites, mycotoxines, etc.) ou chimiques. Les herbivores ingèrent directement leur alimentation de l'environnement, les monogastriques le font dans une moindre mesure et sont en contact avec des composés présents dans les sols et le milieu environnant. La proximité d'activités humaines (présentes ou passées) augmente le niveau de risque de pollution chimique de l'environnement. Fin 2019, la suspension de la collecte de lait et d'œufs après la pollution des alentours de Rouen, suite à l'incendie de l'usine chimique de Lubrizol, illustre les risques de contaminations chimiques. Remarquons que l'installation d'élevages n'est pas soumise « en routine » à un diagnostic de la qualité sanitaire de son environnement incluant les activités émettrices à proximité, présentes et passées. À notre connaissance, seul le cahier des charges de l'aquaculture AB prévoit ce diagnostic.

Parmi les causes d'introduction de risques biologiques, les perturbations dans les écosystèmes naturels sont régulièrement citées. L'épidémie de grippe aviaire en 2016 a ainsi associé la dissémination du virus influenza aux contacts entre les oiseaux sauvages migrateurs et les volailles en plein air. Le premier facteur de transmission à l'homme de ces virus est le contact direct avec une volaille contaminée. Quelques cas ont résulté de la consommation de produits de volailles non cuits. Les milieux naturels et les bassins où vivent les poissons d'élevage ne sont pas reconnus comme des sources de risques sanitaires, sauf accident.

▌ Élevage, pré-abattage et bien-être animal

L'effet des pratiques d'élevage visant à améliorer le bien-être animal sur la qualité des produits est encore peu documenté. Cependant, certaines mesures telles que l'interdiction de la castration à vif des porcelets (prévue en 2022) auront un effet prononcé. La viande des porcs mâles arrivés à maturité sexuelle comporte un risque de perception malodorante d'androstérone et de scatol. En revanche, les propriétés nutritionnelles de la viande seront améliorées (moins de lipides et plus d'AGPI) ainsi que ses propriétés commerciales (animaux plus maigres), d'image (bien-être des animaux) et l'impact environnemental de la production (moins de rejets azotés). Le coût de production et le temps de travail diminueront également. Actuellement, il existe une grande hétérogénéité entre pays dans la prise en charge de la douleur liée à la castration, l'anesthésie systématique étant encore peu répandue, alors que l'analgésie seule n'est pas assez efficace. L'immunocastration, pratiquée dans certains pays, reste minoritaire.

Les pratiques de mises à mort dans les abattoirs ont fait l'objet de plusieurs rapports publics récents[16]. Les regroupements éventuels de différents lots d'animaux, leur chargement, transport et déchargement, l'environnement et le temps d'attente en abattoir, l'amenée vers le poste d'étourdissement et de mise à mort donnent lieu à de nombreuses manipulations et situations inhabituelles stressantes pour les animaux. Les animaux élevés en plein air peuvent être plus sensibles au stress que leurs congénères élevés en bâtiment ou bassins, lorsque ces derniers sont plus habitués à la promiscuité et à des contacts fréquents entre animaux et avec des humains ; l'inverse est aussi observé, où l'expérience antérieure d'animaux élevés en extérieur les rend moins agressifs lorsqu'ils sont mélangés ou placés en bouverie d'abattoir que des animaux élevés en claustration. Les conséquences du stress de l'animal affectent la majeure partie des propriétés (sanitaires, technologiques et organoleptiques) de la viande et de la chair de poisson. Les viandes de porc, veau et volailles sont particulièrement sensibles au stress de pré-abattage. Il peut donner lieu à des viandes pâles, molles et exsudatives (viandes « pisseuses »). Leur valeur économique, tant en frais qu'en produit transformé, est affectée.

---

16. Le CNA et le Conseil économique, social et environnemental ont tous deux produit des rapports en 2019.

L'étourdissement des animaux avant la mise à mort est obligatoire depuis 1964 en France, sauf dérogation d'ordre religieux. Après la mort de l'animal, l'enlèvement de la peau et l'éviscération sont une étape à fort risque sanitaire. Les carcasses sont ensuite refroidies. Les modifications métaboliques qui se produisent *post mortem* (acidification, rigidité cadavérique et maturation) vont transformer le muscle en viande. Un épuisement des réserves énergétiques avant l'abattage, lié à une mise à jeun prolongée, un transport trop long ou des conditions stressantes, induisent des viandes à coupe sombre et moins tendres (*dark firm dry*), particulièrement visibles chez les espèces bovines et ovines (viandes rouges). Chez ces espèces, un refroidissement *post mortem* trop rapide contracte le tissu musculaire et la viande restera dure, quelle que soit la durée de maturation. Les défauts de qualité qui touchent la viande fraîche ont des répercussions sur les produits transformés qui en sont issus : risque de pertes anormalement élevées de jus à la cuisson, baisse des rendements technologiques des charcuteries cuites et dégradation d'autres propriétés organoleptiques (tendreté et couleur).

L'abattage de proximité est actuellement expérimenté dans le cadre de la loi Egalim, en vue d'évaluer son effet sur le bien-être animal et sa viabilité économique. En Europe, et à l'exception de l'abattage d'urgence des animaux accidentés, l'abattage « à la ferme » pour la commercialisation est autorisé uniquement dans le cadre d'abattoirs mobiles (règlements 853/2004 et 1099/2009). Au même titre que les abattoirs fixes, ils doivent répondre aux mêmes exigences réglementaires d'hygiène et de protection animale. Cette pratique existe déjà de façon limitée en Suède, en Allemagne et en Hongrie, mais peu de travaux scientifiques ont été identifiés sur la question.

Antagonismes et synergies entre propriétés

IN FINE, **LA QUALITÉ DES PRODUITS RÉSULTE DE COMPROMIS** entre les différentes propriétés et entre les critères au sein de chacune des propriétés. Ces compromis mettent en lumière des antagonismes et des synergies. Par exemple, la fabrication fromagère de certaines AOP résulte de l'adéquation entre une race laitière locale, des conditions d'élevage, des ressources alimentaires et des procédés de transformation et d'affinage. Dans ce cas, les propriétés technologiques du lait bénéficient aux propriétés organoleptiques, ces dernières contribuant à l'image du fromage.

Les antagonismes sont également intéressants à relever, car ils mettent à jour les stratégies divergentes et les rapports de force entre acteurs.

▮ Des propriétés commerciales qui ne préjugent pas des propriétés organoleptiques et technologiques

Le poids et le classement de la carcasse sont les principaux critères commerciaux puisqu'ils sont à la base du paiement à l'éleveur. Le classement des carcasses des bovins, ovins et

porcins est harmonisé au niveau européen : il est fondé sur la conformation de l'animal selon la classification EUROP, sur l'état d'engraissement pour les bovins et les ovins et sur la teneur en viande maigre pour les porcins. L'évaluation de ces critères est réalisée visuellement par des opérateurs (bovins, ovins) ou par des équipements (porcins, bovins) agréés.

Ce classement a conduit à privilégier des bovions allaittants lourds et de race tardive, présentant une forte musculature au détriment des tissus adipeux, et en amont à sélectionner des animaux produisant une viande « maigre ». Cette orientation affecte les propriétés organoleptiques des viandes, puisqu'elle se fait au détriment des lipides intramusculaires constitutifs du persillé de la viande. Les pratiques et signes de qualité qui privilégient des races pures renforcent cette orientation. De plus, cette préférence rend l'engraissement des jeunes animaux à l'herbe difficile. Cela va à l'encontre de l'orientation politique en faveur de systèmes d'élevage plus herbagers. Pour encourager ces derniers, il faudrait réorienter la génétique vers d'autres critères comme la précocité (afin que les animaux déposent du gras intramusculaire plus précocément) plutôt que vers la seule recherche d'un fort développement musculaire et/ou vers des croisements avec animaux de races plus précoces.

Il en va de même pour la viande d'agneau issue d'animaux nourris à l'herbe. Elle présente une meilleure image (plein air) et de meilleures propriétés nutritionnelles (acides gras, antioxydants) que la viande d'agneaux élevés en bergerie. Cependant, les propriétés organoleptiques et commerciales sont moindres : on observe des défauts de flaveur et une conformation sub-optimale des carcasses d'agneaux. Engraisser les agneaux en fin d'engraissement pendant un temps court en bergerie peut limiter ces défauts de flaveur sans pénaliser les propriétés nutritionnelles, ni le coût de production. Sensibiliser les consommateurs à la flaveur plus intense est une autre option en expliquant qu'elle est corollaire à l'origine herbagère de la viande.

Le système australien MSA (Meat Standards Australia) est un modèle de prédiction de la qualité organoleptique de la viande bovine. Il s'appuie sur un ensemble de caractéristiques des animaux, de la carcasse et de la viande. Il met en regard ces caractéristiques et les résultats d'évaluations par des consommateurs de la qualité en bouche de la viande, en intégrant l'effet de la cuisson. La qualité ainsi évaluée influe sur le paiement des éleveurs et permet au distributeur d'apposer sur la viande une information qualitative à destination des consommateurs. Mis en place en Australie à partir de 1999, le système MSA a apporté une plus-value économique à l'ensemble des opérateurs et une garantie de qualité aux consommateurs. Pour l'instant centrée sur les propriétés organoleptiques, cette méthode pourrait intégrer à l'avenir des propriétés nutritionnelles et environnementales. Actuellement en cours d'adaptation dans plusieurs pays (Corée du Sud, États-Unis, Pologne, Irlande et France), ce système d'évaluation ne fait pas l'unanimité en Europe, et spécifiquement en France. Certains professionnels craignent qu'il fasse concurrence au Label rouge et qu'il conduise à dévaloriser le troupeau allaitant au profit du troupeau laitier. Toutefois, certains plans de filière proposés suite aux États généraux de l'alimentation évoquent l'inclusion de critères organoleptiques dans les cahiers des charges des viandes bovines sous SIQO et l'adaptation des grilles de paiement de la viande porcine afin que l'offre réponde mieux aux différentes demandes de qualité.

Le développement et l'application en ligne de méthodes spectrales quantifieraient certains indicateurs de qualité et élargiraient la gamme des propriétés considérées : organoleptiques (comme le persillé dans la viande), nutritionnelles (comme le profil en acides gras des lipides), sanitaires (charge bactérienne, présence de résidus), technologiques (capacité de rétention d'eau). Des méthodes d'analyse d'image sur la viande sont aussi réalisées pour mesurer la quantité de gras.

▌ Phénomènes de déstructuration des viandes et de la chair de poisson

Apparus il y a environ dix ans, les défauts de déstructuration des filets de poulet standard se sont accrus sur la période récente. Plusieurs études conduites en abattoirs ou en stations d'expérimentation, en France, Italie, États-Unis ou Brésil, notent des occurrences supérieures à un filet sur deux. La situation est donc préoccupante pour le poulet standard, mais des phénomènes analogues concernent aussi la viande de porc et la chair de poisson. Les causes ne sont pas encore bien comprises. Les défauts sur les filets de poulets sont apparus sur les souches lourdes à fort rendement musculaire, utilisées pour la découpe et la transformation. Quatre phénomènes sont décrits : le *white striping*, lorsque le filet présente des stries blanches (le plus fréquent) ; le *wooden breast*, lorsqu'il comporte des zones dures et qu'un liquide clair et visqueux recouvre le filet ; le filet « spaghetti », dont les fibres musculaires se dissocient les unes des autres, et l'*Oregon disease* quand les aiguillettes prennent une couleur verte ou rouge (phénomène plus rare). Ces lésions s'apparentent à des myopathies. La principale explication les associe à une sélection génétique trop poussée sur la vitesse de croissance des poulets et sur l'accroissement du rendement en filets. Les résultats de cette sélection ont été spectaculaires, puisque les filets représentent dorénavant 1/5ᵉ du poids du poulet. En effet, la morphologie de ces muscles a changé. L'hypothèse la plus probable est que le grossissement rapide des muscles pectoraux comprime les flux sanguins et limite l'apport en énergie et en oxygène à ces muscles. Les fibres musculaires se nécrosent, induisant l'apparition de phénomènes inflammatoires et de stress oxydatif, suivis d'une formation d'adipocytes intramusculaires (lipidose) et de collagène interstitiel (fibrose). Ces défauts sont accentués par la faible activité locomotrice et musculaire des poulets standards, et ils sont rendus plus visibles par la tendance au recul de l'âge à l'abattage pour la production de poulets lourds destinés uniquement à la découpe et transformation (de 35 j à ± 50 j). Le caractère héritable de ces myopathies pourrait conduire à écarter les reproducteurs porteurs de ces défauts par des méthodes de phénotypage, mais c'est l'orientation même de la sélection qui devrait changer. Aux Pays-Bas, la pression sociale contre les conditions d'élevage intensives a conduit la filière avicole à se reporter sur des poulets à croissance plus lente pour alimenter le marché en produits frais.

En viande porcine, des défauts de déstructuration musculaire sont aussi observés depuis les années 1990, avec une fréquence très variable pouvant atteindre 30 %. La viande perd son aspect fibreux au profit d'une masse molle, sans structure apparente, entraînant d'importantes pertes de fabrication (réduction des rendements de cuisson et tranchage) du jambon cuit. Ce défaut est devenu crucial avec l'augmentation des volumes de ventes de jambon cuit en libre-service associée à l'élimination progressive des additifs (phosphates) et à la réduction de la teneur en sel. Une des difficultés est qu'il n'est discernable que lors du désossage. Le défaut de déstructuration est associé à une chute rapide et importante du pH et à des processus de stress oxydant et d'apoptose (mort cellulaire programmée) dans le tissu musculaire. Toutefois, son origine biologique n'est pas encore élucidée. Les causes sont multifactorielles. Parmi les facteurs favorisant ce défaut, interviennent le type génétique, la vitesse de croissance des animaux, la teneur en viande maigre et de mauvaises conditions de pré-abattage (durée de mise à jeun, manipulations stressantes des animaux) et d'abattage des porcs. Les recherches explorent actuellement des méthodes spectrales pour prédire ces défauts le plus tôt possible sur la carcasse, à l'abattoir ou, de façon plus exploratoire, sur le plasma.

De tels défauts de déstructuration de la viande ne sont pas rapportés chez les ruminants.

Chez les poissons, des défauts de chair molle, ou *gaping*, sont également connus, surtout chez les salmonidés, depuis les années 1990. Le *gaping* correspond à un détachement des feuillets musculaires faisant apparaître des trous dans le filet. Ses causes sont mal connues. L'origine génétique n'a pas été démontrée, le *gaping* n'étant pas un caractère héritable. Une étude sur le saumon atlantique rapporte une plus forte incidence du phénomène de *gaping* chez les poissons triploïdes, comparés aux diploïdes. Enfin, notons que, comme pour les animaux terrestres, les programmes de sélection génétique actuels portent sur les performances de croissance et les rendements en filets.

▌Compromis sur la végétalisation de l'alimentation des poissons

En pisciculture, le remplacement des aliments d'origine marine par des aliments d'origine végétale terrestres améliore les propriétés d'image grâce au moindre impact sur la ressource sauvage. Toutefois, cette substitution dégrade les propriétés nutritionnelles, avec de moindres teneurs en acides gras oméga-3 EPA et DHA dans la chair des poissons. Les propriétés commerciales sont moins bonnes, car les rendements en découpe baissent à cause de l'adiposité accrue des filets. Un compromis a cependant été trouvé en concentrant l'apport en farines de poisson sur les derniers mois avant l'abattage, ce qui restaure la qualité des acides gras. Les contaminations par des POP présents dans les farines d'origine marine ont drastiquement régressé avec la végétalisation, néanmoins les végétaux pourraient apporter, de leur côté, des résidus de pesticides et des mycotoxines (dans les limites réglementaires), ainsi que des HAP formés lors de l'extraction à chaud des huiles végétales (Nacher-Mestre *et al.*, 2018).

■ Bénéfices et risques associés au lait cru

L'intérêt du lait cru est d'abord organoleptique : les fromages non traités thermiquement conservent leur flore microbienne et développent, de ce fait, des flaveurs plus riches et plus intenses que les fromages au lait pasteurisé ou microfiltré. La pasteurisation, outre son action sur les micro-organismes, modifie en effet les protéases et lipases qui participent aux processus biochimiques en cours d'affinage. L'utilisation du lait cru reste un enjeu sanitaire. D'un côté, les autorités sanitaires déconseillent la consommation de produits laitiers fabriqués à partir de lait cru aux personnes à risque — femmes enceintes, enfants de moins de 5 ans, personnes immunodéprimées ou âgées —, car l'absence de traitement thermique ne garantit pas un produit indemne de *Listeria monocytogenes*, de *Salmonella* ou d'*Escherichia coli* entéro-hémorragique (EHEC). De l'autre, plusieurs études épidémiologiques sur des cohortes associent la consommation de lait cru à une protection accrue contre les allergies, les maladies atopiques et respiratoires, y compris chez de jeunes enfants. Les mécanismes ne sont pas encore précisés. La forte diversité microbienne des laits crus et des fromages au lait cru pourrait influencer la composition du microbiote intestinal.

■ Préoccupations éthiques et orientation des filières

La pression des consommateurs réoriente la filière européenne d'œufs. Pionnière, l'Allemagne a interdit l'élevage de poules pondeuses en cage dès 2010, après une campagne de l'association Food Watch. La grande distribution allemande a joué un rôle crucial, en bannissant de ses rayons les œufs issus de ce mode d'élevage et en adoptant un étiquetage mentionnant le mode d'élevage, aujourd'hui généralisé en Europe. En 2012, l'Union européenne a fixé la fin de l'élevage de poules en cage en 2025. Ce type d'élevage est néanmoins encore majoritaire en France, mais il recule (58 % en 2018, contre 81 % dix ans auparavant). D'ici cinq ans, la filière doit donc se réorganiser. Le secteur étant fortement intégré, les acteurs aval pourraient soutenir la transition des élevages.

C'est dorénavant la spécialisation de la filière œufs qui est mise en cause. Les lignées ont en effet été sélectionnées sur la capacité de ponte au détriment du développement musculaire. La reproduction ne s'intéresse donc qu'aux femelles. Les poussins mâles sont éliminés juste après l'éclosion, généralement par broyage. Les gouvernements français et allemands ont annoncé début 2020 l'interdiction de cette pratique en 2021. De nombreuses recherches se développent pour proposer un sexage *in ovo*, c'est-à-dire déterminer le sexe des œufs et permettre un tri avant éclosion. Une autre alternative est la sélection de lignées « à double finalité », dont les femelles produisent des œufs et les mâles de la viande.

Un troisième débat s'ouvre parallèlement : celui de l'âge de la réforme des poules pondeuses. Les poules sont éliminées dès que le taux de ponte tombe en dessous de 75 % de leur performance maximale. En 2016, ce seuil était franchi à 72 semaines d'âge en moyenne, soit au bout d'une année de production. Allonger la durée de ponte diminuerait le besoin en poules pondeuses. Une étude anglaise évalue qu'avec 25 œufs supplémentaires par poule, le cheptel national pourrait être réduit de 2,5 millions de têtes, ce qui améliorerait, en plus, l'impact environnemental global du secteur. La qualité des œufs a cependant tendance à se dégrader avec l'âge de la poule. Poussant plus loin la réflexion éthique, une société privée[17] propose des œufs « qui ne tuent pas la poule », le principe étant que le prix de l'œuf couvre l'entretien des poules jusqu'à leur mort naturelle (environ 10 ans).

À l'instar des poussins mâles dans la filière de ponte, le devenir des jeunes chevreaux et veaux est problématique dans certaines filières laitières. Le manque de débouchés pour les chevreaux mâles s'est accentué avec la croissance du marché des fromages de chèvre. Des effectifs importants sont équarris sans que les faits ni les chiffres ne soient bien documentés (14-18 % selon le plan de filière caprine 2019). Dans la filière des vaches laitières, la viande de veau est un marché en soi, en France, aux Pays-Bas ou au Danemark. Ce n'est pas le cas dans les pays anglo-saxons tels le Royaume-Uni, l'Irlande ou la Nouvelle-Zélande. En Irlande, par exemple, le gouvernement a autorisé l'abattage des jeunes mâles laitiers à 15 jours pour un débouché en alimentation pour chiens et chats (*pet food*), ce qui constitue un problème d'éthique ainsi qu'un gaspillage alimentaire.

---

17. Voir : https://www.poulehouse.fr/ (consulté en mai 2020).

4. Variabilité de la qualité des produits transformés

Parce que les matières premières d'origine animale sont périssables, le but historique de la transformation a été d'allonger leur durée de conservation. Avec l'amélioration des procédés de conservation, les objectifs des industriels se sont focalisés sur l'amélioration des propriétés organoleptiques, d'usage (facilité de consommation) et la diversité de l'offre. Les « produits transformés » et la « transformation » recouvrent des produits et un périmètre d'opérations diversement qualifiés selon les acteurs et les approches scientifiques. L'intensité des procédés et la distance entre le produit d'origine et final sont souvent des critères, mais pas systématiquement. Ainsi, le lait que l'on boit est considéré comme un aliment « brut », bien qu'il ait subi un traitement thermique intense d'ultra-haute température (UHT). Dans les études nutritionnelles, les viandes hachées sont considérées comme de la viande brute, bien que le hachage modifie les propriétés organoleptiques et sanitaires. Plus généralement, les étapes dites de « première transformation », c'est-à-dire les opérations liées à l'abattage, la découpe et la maturation pour la viande et la chair de poisson, et à la réfrigération pour les œufs et le lait, restent classiquement attachées aux produits « non transformés ». Réglementairement, la congélation et la surgélation ne sont pas classées comme des opérations de transformation. Dans ce chapitre, l'objectif étant d'examiner la variabilité de la qualité des produits induite par les traitements technologiques, le hachage et la cuisson sont inclus.

Les recherches sur les déterminants de cette variabilité en dehors des traitements génériques (thermique, salage, hachage, fermentation, etc.) sont tributaires de l'accès aux recettes alimentaires. Les produits volaillers et porcins sont particulièrement concernés par la variété des recettes. La viande peut être panée (cordons bleus, escalopes à la viennoise, *nuggets*), transformée en produits charcutiers (jambons, pâtés, saucisses et saucissons, galantine), marinée (brochettes, produits hachés et farcis).Or si la transformation charcutière porcine dispose d'un Code des usages donnant un accès assez précis aux pratiques du secteur, ce n'est pas le cas général. Les recettes sont souvent protégées par des clauses de confidentialité.

De façon générale, les travaux scientifiques faisant le lien entre les propriétés de la matière première et celles des produits transformés sont moins nombreux que ceux portant sur les propriétés des produits consommés « en frais ». Une des principales raisons est que l'industrie agroalimentaire a cherché à restreindre la variabilité des propriétés des produits bruts (figure 4.1), puis à adapter ses procédés, en jouant souvent sur le fractionnement (ou *cracking*) et la formulation (ingrédients, additifs) pour réintroduire de la diversité tout en obtenant un aliment ayant toujours les mêmes caractéristiques, quelles que soient la saison, les conditions d'élevage, l'origine génétique et les caractéristiques des animaux. Cette stratégie lui a permis de capter la valeur ajoutée de cette diversification.

Classements des aliments d'origine animale

LE PREMIER CHAPITRE SOULIGNAIT LE GRAND NOMBRE DE PRODUITS TRANSFORMÉS contenant des ingrédients d'origine animale. Des produits proches peuvent fortement différer quant à la proportion de produits animaux, le nombre d'ingrédients et les procédés de transformation : ainsi, parmi les desserts lactés, les yaourts 100 % issus du lait côtoient une grande variété de préparations laitières comportant une base végétale plus ou moins importante ; les préparations à base de viande ou de poisson côtoient des plats beaucoup plus composites comme les pizzas, et enfin de nombreux produits ne sont pas classés parmi les produits alimentaires d'origine animale, bien qu'ils contiennent des ingrédients issus du lait ou des œufs, comme les biscuits.

∎ Différences entre les classements existants

Le classement des aliments aide la décision en matière de recommandations nutritionnelles, de sécurité alimentaire, et aussi de politique environnementale, voire socioéconomique et culturelle (approvisionnement local, terroir, savoir-faire traditionnel). Dans l'expertise, nous nous sommes souvent rattachés aux grandes catégories utilisées dans les recommandations nutritionnelles (PNNS) et à la classification de l'EFSA, qui apparaît la plus précise à l'échelle des aliments. Nous avons également fait référence au Nutri-Score, dont l'apposition sur les étiquettes est encouragée par les pouvoirs publics, et à la classification Nova, qui a mis en exergue le rôle défavorable des produits ultra-transformés dans l'alimentation.

Dans le PNNS, les produits animaux constituent deux catégories à part entière et contribuent à deux autres. Sur les huit catégories d'aliments permettant de décrire de façon simple les régimes alimentaires, deux relèvent des produits animaux : « les produits laitiers » (lait, fromages, yaourts) et « les viandes, les poissons et les œufs ». Le beurre et la crème sont classés dans les « matières grasses » avec les huiles végétales. Les pâtisseries et charcuteries sont dans la catégorie « produits sucrés et gras », laquelle intègre également les boissons sucrées et/ou alcoolisées.

La classification FoodEx2 de l'EFSA répartit quelque 2 700 aliments en 216 catégories, selon une classification hiérarchique. Chaque catégorie est annotée d'une lettre indiquant s'il s'agit d'un aliment brut (r), d'un aliment dérivé d'un produit brut (d), d'un aliment composite simple (s) ou d'un aliment composite complexe (c). Par exemple, les salamis sont classés en catégorie d et les chorizos en s. Les qualifications d, s ou c ne sont pas toujours évidentes. Ce système normalisé facilite la comparaison des données issues de sources différentes, mais est trop détaillé pour éclairer les choix des consommateurs.

Le Nutri-Score est le score nutritionnel de référence en France depuis fin 2017, apposé sur les étiquettes des produits emballés. Dès 2003, l'OMS et la FAO préconisaient d'apposer des logos nutritionnels sur les produits alimentaires afin d'orienter les consommateurs. S'inscrivant dans le cadre de la loi de modernisation du système de santé et de la loi Egalim, le Nutri-Score synthétise les bénéfices-risques des propriétés nutritionnelles des aliments transformés par un système de cinq couleurs associées à cinq lettres allant de A (vert), le meilleur score, à E (rouge), le plus mauvais (Julia *et al.*, 2017). Le calcul s'appuie sur les teneurs en nutriments favorables ou défavorables à la santé. Après avoir rencontré l'opposition de certains industriels, il est en train de s'étendre (200 marques l'affichaient sur leurs produits fin 2019), y compris à l'étranger. Certaines entreprises et enseignes de distribution semblent même l'intégrer comme levier d'incitation pour améliorer la qualité de leur offre alimentaire.

La classification Nova met en exergue « l'ultra-transformation » d'une majorité de produits alimentaires. Proposée par une équipe de nutritionnistes brésiliens (Monteiro *et al.*, 2018), Nova a pour objectif de devenir un outil de politique nutritionnelle en pointant les écarts de qualité entre d'une part les produits bruts (classe 1), les ingrédients culinaires (sel, huile, sucre : classe 2), les aliments qui associent des produits de la classe 1 et les ingrédients de la classe 2 pour former la classe 3 et, d'autre part, les produits et boissons qualifiés d'ultra-transformés. On trouve dans cette classe 4 les plats préparés, les produits à base de viande reconstituée et globalement tous les produits dérivés des classes 1, 2, 3 ayant subi des traitements et des reformulations, dont l'ajout d'additifs (colorants, exhausteurs de goût, émulsifiants, édulcorants, épaississants). Les aliments classés en 4 sont réprouvés parce qu'ils contribuent aux pathologies alimentaires (diabète de type 2, obésité, MCV, etc.). La FAO a relayé l'intérêt de la classification Nova en 2019. Le Brésil et le Canada l'utilisent. En France, les nouvelles recommandations du PNNS indiquent de limiter la consommation d'aliments ultra-transformés (Adjibade *et al.*, 2019). La classification Nova est facile d'accès pour les consommateurs. Elle reste toutefois assez empirique et peu discriminante, la classe 4 des produits ultra-transformés englobant la grande majorité des aliments actuellement consommés. Elle est controversée : certains nutritionnistes lui reprochent, par exemple, de traiter tous les additifs de la même manière, indépendamment de leurs effets, et la communauté des sciences des aliments de ne pas dissocier les effets de la transformation de ceux de la formulation des produits. Au qualificatif « ultra-transformation », les technologues préféreraient celui d'« ultra-formulation » des produits, plus en accord avec la définition des différentes classes utilisées dans Nova.

Les classifications actuelles ne rendant en effet pas bien compte des procédés technologiques, des travaux cherchent à caractériser le degré de transformation des aliments et à calculer un score de *processing*. Un travail pionnier a été conduit sur des pizzas fraîches et surgelées présentes sur le marché français, à partir du diagramme des opérations unitaires réalisées. Ce travail a mis au jour un résultat contre-intuitif : pour un même type de pizza, les pizzas fraîches (rayon traiteur) sont plus transformées et comportent un plus grand nombre d'additifs que les pizzas surgelées. Le score de *processing* varie également entre les types de pizzas (jambon-fromage, fromage, charcuterie, margarita, etc.). Il apparaît fortement corrélé au Nutri-Score (plus l'indice de *processing* est élevé, moins bon est le Nutri-Score), mais faiblement à la classification Nova.

▊ Scores nutritionnels appliqués à l'offre française en produits animaux transformés

L'Oqali montre que plus de la moitié des produits transformés mentionnant le Nutri-Score sont des aliments à base de produits animaux (55 %). Une étude exploratoire réalisée dans le cadre de l'expertise, à partir de l'extraction des données de la base Open Food Facts, apporte quelques indications sur le positionnement de ces aliments par rapport aux classements Nutri-Score (figure 4.1) et Nova (figures 4.2a et b).

Figure 4.1. Comparaison de la répartition des aliments industriels à base de produits animaux selon leur Nutri-Score et leur teneur en protéines.

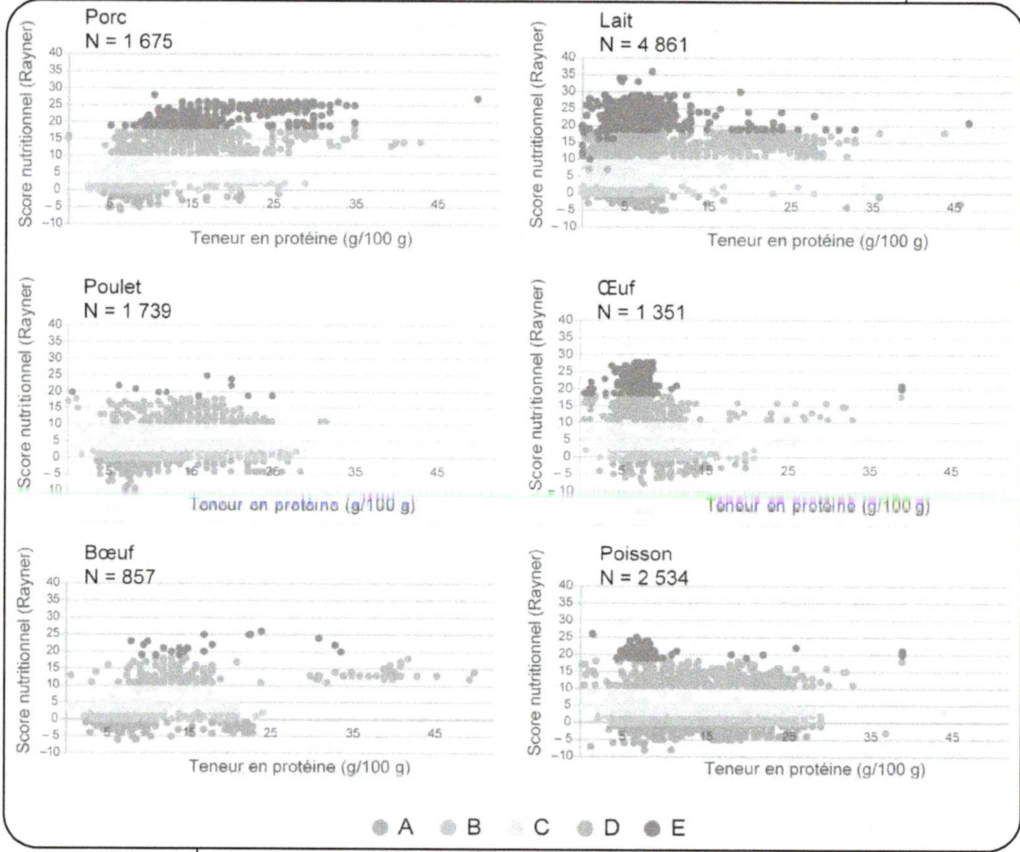

Source : données extraites de la base Open Food Facts (mai 2020).
Extraction des aliments dont le nom ou la catégorie contient les mots « porc », « poulet », « bœuf », « lait », « œuf », « poisson ». Suppression des produits à information incomplète. L'axe des ordonnées est une échelle continue qui va de − 10 à + 40 et correspond au score de Rayner à partir duquel est déterminé le Nutri-Score.

Cette extraction porte sur quelque 35 000 produits, dont environ 4 500 contiennent du porc, 6 800 du poulet, 2 500 du bœuf, 14 700 du lait, 4 200 des œufs et 8 000 du poisson (dont pêche). Ces chiffres donnent des ordres de grandeur de la diversité de l'offre des aliments commercialisés, à partir des différents produits bruts. Ces aliments sont très différents : par exemple, ceux à base de porc incluent le jambon cuit, les allumettes de lard allégées et fumées, mais aussi le riz cantonais. Parmi les produits contenant du lait, on trouve tous les fromages et desserts lactés, mais aussi les pains au lait. Aucun seuil minimal de teneur en produits animaux n'a été appliqué pour réaliser l'extraction des données. La figure 4.1 montre que les produits se répartissent entre les 5 scores du Nutri-Score, quelle que soit leur teneur en protéines (on obtient le même résultat pour la densité calorique), illustrant la grande diversité des produits.

La figure 4.2 montre que la majorité des aliments commercialisés emballés (ayant une étiquette) à base de poulet sont classés par le Nutri-Score en score A ou B, c'est-à-dire favorables à la santé. Pourtant, une très grande majorité de ces mêmes aliments sont classés dans les produits ultra-transformés de la classe « Nova 4 », c'est-à-dire qu'il est recommandé d'en limiter la consommation. Cette contradiction, qui s'explique par les critères différents privilégiés dans les deux classements, apporte de la confusion aux recommandations à adresser aux consommateurs. Les classements des produits alimentaires à base de poisson (y compris pêche) sont en revanche proches dans les deux cas : environ la moitié des produits appartiennent à des classes favorables à la santé et l'autre moitié, aux scores C, D et E ou Nova 4.

Enfin, il a paru intéressant d'analyser le positionnement des produits selon leur teneur en sel, gras et sucre, dont l'excès est défavorable à la santé (figure 4.2). Les produits classés Nova 3 et Nova 4 à base de porc, lait, œuf ou poisson sont plus gras que les produits classés Nova 1. Cette différence n'est en revanche pas significative pour les produits à base de poulet ou de bœuf. Les teneurs moyennes en sel des produits à base de porc (charcuterie) et de bœuf classés Nova 3 et Nova 4 sont très élevées : jusqu'à un tiers des apports maximaux recommandés pour une portion de 100 g. Les teneurs élevées en sucre concernent surtout les aliments classés Nova 4 contenant du lait et des œufs (viennoiserie, desserts, etc.). Bien que faibles dans les produits à base de poulet, de porc, de bœuf ou de poisson, les teneurs en sucre sont également systématiquement plus élevées pour les produits de la classe Nova 4 : le sucre est alors utilisé comme exhausteur de goût.

**Figure 4.2.a. Comparaison de la répartition des produits à base de poulet et de poisson selon le Nutri-Score (A à E) et Nova (classes 1, 3 et 4).
b. Comparaison des teneurs moyennes en sel, gras et sucre des aliments industriels à base de produits animaux.**

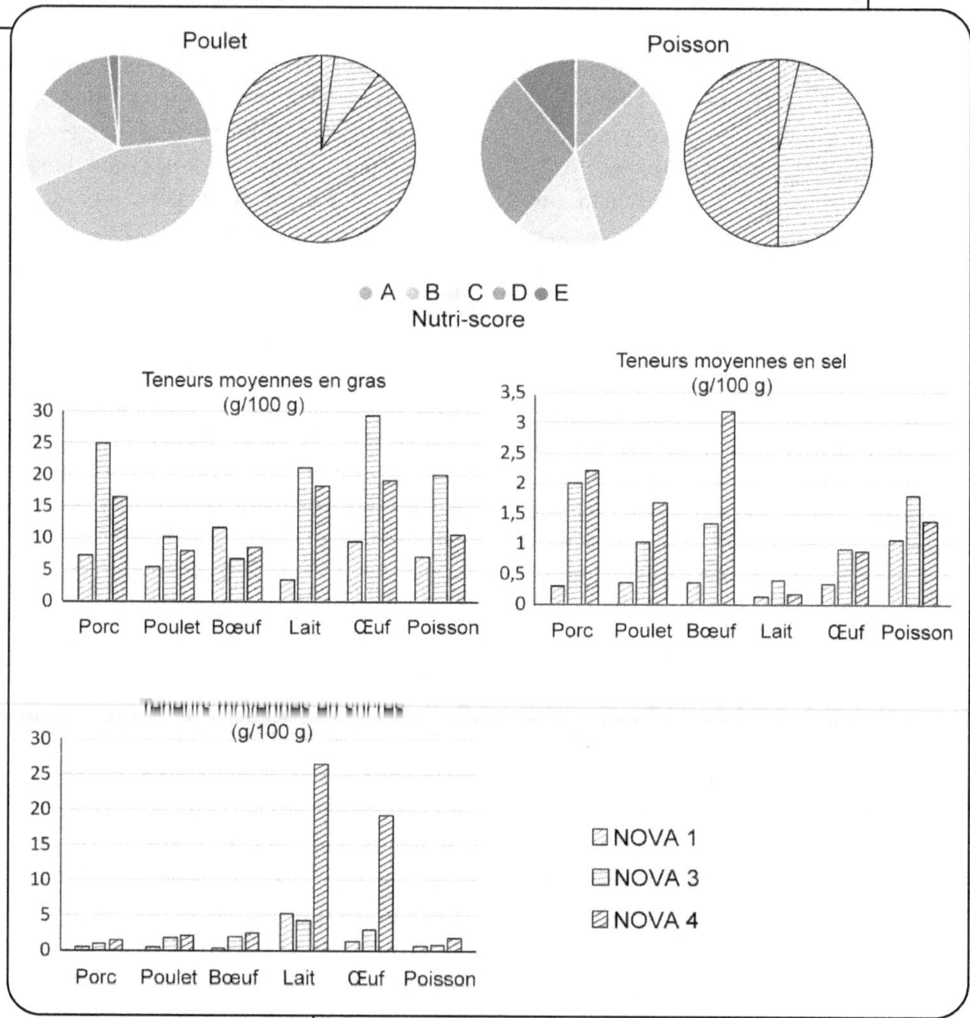

Source : données extraites de la base Open Food Facts (septembre 2019 pour Nova et mai 2020 pour Nutri-Score). Extraction des données contenant les mots « poulet » ou « poisson » dans le nom ou la catégorie du produit.

Opérations majeures modifiant la qualité

Si toutes les opérations de transformation modifient une ou plusieurs propriétés des produits, nous nous attacherons ici à celles qui, aujourd'hui, posent question du fait de leur impact sur ces propriétés. Au vu de la diversité des produits, nous illustrerons le propos par un ou plusieurs produits. Les principales opérations de transformation des produits animaux peuvent être considérées comme traditionnelles (encadré 4.1). Les principes sont inchangés. En revanche, les technologies industrielles ont permis des changements d'échelle et des innovations dans le fractionnement et l'assemblage des matières premières.

Encadré 4.1. Les principaux procédés de transformation

Viandes et chairs de poisson

Les principales opérations sont traditionnelles :

• le salage est un mode de conservation. Il limite la croissance des micro-organismes et est un exhausteur de goût. Cependant, l'ajout excessif de sel, et de nitrite qui lui est souvent associé, dans les produits à base de viande est défavorable à la santé humaine ;

• la fermentation est un mode de conservation généralement suivi d'un séchage et d'un affinage. Elle bénéficie d'une bonne image. Les propriétés sanitaires des produits fermentés sont généralement améliorées et les propriétés organoleptiques diversifiées ;

• le fumage produit un effet antimicrobien et apporte des propriétés organoleptiques particulières. Il peut être réalisé à chaud ou à froid. Le fumage est généralement pratiqué par la combustion de bois, mais d'autres technologies font appel à l'électrostatique ou la chimie (fumée liquide). Le fumage est critiqué à cause de la formation de composés néoformés délétères pour la santé humaine ;

• le séchage (ou affinage dans le cas du jambon sec) suit le plus souvent un salage au sel sec, souvent additionné de nitrite et parfois de nitrate, ou un fumage. Le séchage allonge la durée de conservation, réduit le risque de développement des pathogènes. Des études visent à réduire les durées de séchage, tout en préservant les qualités du produit ;

• la cuisson confère de nouvelles flaveurs au produit et inactive la plupart des micro-organismes. De manière générale, elle diminue la teneur en eau, ce qui concentre les protéines. L'évolution de la teneur en lipides dépend du mode de cuisson.

La réfrigération et la fragmentation ne sont pas nécessairement considérées comme des opérations de transformation :

• la réfrigération, la congélation ou la surgélation ne sont pas considérées comme des opérations de transformation dans le droit européen (Commission européenne, 2004) relatif à l'hygiène des denrées alimentaires d'origine animale. Ces traitements peuvent néanmoins dégrader la couleur et la texture des produits. Les ruptures dans la chaîne du froid excluent tout usage alimentaire en raison du risque microbiologique ;

• la fragmentation ou le hachage sont considérés comme une transformation dans les sciences alimentaires, mais pas en nutrition, ni dans les études épidémiologiques. La viande hachée fraîche y figure parmi les viandes brutes. Le hachage améliore les propriétés organoleptiques et la biodisponibilité des nutriments, mais augmente le risque microbien, ce qui limite la durée de conservation.

Lait

La combinaison des opérations conditionne le type de produit fini :
• l'écrémage est manuel ou mécanique et permet d'obtenir la crème et le beurre ;
• l'homogénéisation réduit la taille des globules gras afin de les répartir dans la phase aqueuse ;
• la standardisation modifie la composition du lait afin de garantir des teneurs en matières grasses et protéiques constantes ;
• la filtration sépare les composants du lait microbiens, protéiques, minéraux, etc. ;
• les traitements thermiques (thermisation, pasteurisation, stérilisation) améliorent les propriétés sanitaires et d'usage, mais modifient les propriétés organoleptiques et technologiques du lait ;
• le séchage et la déshydratation transforment le lait (ou ses constituants) en poudre, favorisant ainsi leur conservation, stockage et transport. À l'échelle industrielle, la déshydratation est réalisée par atomisation : le lait est vaporisé en gouttelettes dans une enceinte chauffée et récupéré sous forme de paillettes ;
• la fermentation peut être lactique ou propionique, sous l'action d'enzymes microbiennes, et permet la production de yaourt, fromage blanc et fromage ;
• l'affinage est l'étape de production fromagère qui agit sur le développement de la flore microbienne dans le fromage et les réactions lipolytiques et protéolytiques associées. Pendant l'affinage du fromage, des acides gras sont libérés, ainsi que des peptides solubles et des acides aminés ; ces composés sont soit des précurseurs d'arôme, soit des arômes ;
• le *cracking* ou la fragmentation consistent à décomposer le lait en ingrédients, notamment protéiques. Les procédés reposent sur divers modes de filtration (ultrafiltration, microfiltration, diafiltration, nanofiltration, etc.), la chimie (hydrolyse, cristallisation, etc.), le séchage. Les propriétés fonctionnelles et nutritionnelles des fractions sont hautement valorisées. Les industriels du lait sont ainsi passés d'une transformation dite « de 1re génération » (poudre de lait) à des procédés plus techniques de 2e génération (produits issus du *cracking*), jusqu'à la 4e génération qui caractérise les ingrédients biofonctionnels.

Ovoproduits

Selon leur destination d'utilisation, les ovoproduits sont divisés en deux catégories. Ceux de 1re transformation sont destinés aux industries agroalimentaires et correspondent à une préparation en tant qu'ingrédients (blancs et jaunes séparés, congelés, séchés en poudre, etc.). Ceux de 2e transformation sont destinés aux consommateurs, généralement par le biais de la restauration hors domicile, et correspondent à des aliments déjà élaborés (œufs durs, pochés, omelettes, etc.).

▌ Adaptation de la matière première à la transformation

Avec l'industrialisation, il est en effet devenu plus facile pour les transformateurs d'assembler des fractions de matières premières dont les compositions sont contrôlées, plutôt que d'adapter leurs procédés à la variabilité des produits agricoles. La figure 4.3 schématise cette évolution. Le resserrement de la diversité des matières premières agricoles a été obtenu par la standardisation des pratiques et par la faible diversité génétique au sein des populations d'animaux d'élevage. L'industrialisation conduit à entretenir un flux continu d'approvisionnement en produits, poussant en amont l'élevage à s'affranchir autant que possible des contraintes des saisons et des rythmes naturels de la reproduction des animaux. Sur le schéma, le goulot rend compte de la tendance à cette standardisation des matières premières. Puis l'offre s'élargit sous l'impulsion de l'industrie de la transformation dont les opérateurs se sont spécialisés sur deux étapes successives : le fractionnement de la matière première agricole en ingrédients intermédiaires avec les produits alimentaires intermédiaires (PAI), puis la formulation d'aliments à partir de ces ingrédients. L'association entre ces technologies industrielles et la grande taille des unités de transformation permet de réaliser des économies d'échelle.

Figure 4.3. Effet de l'industrialisation sur la variabilité de la matière première et transformée dans l'élaboration des aliments.

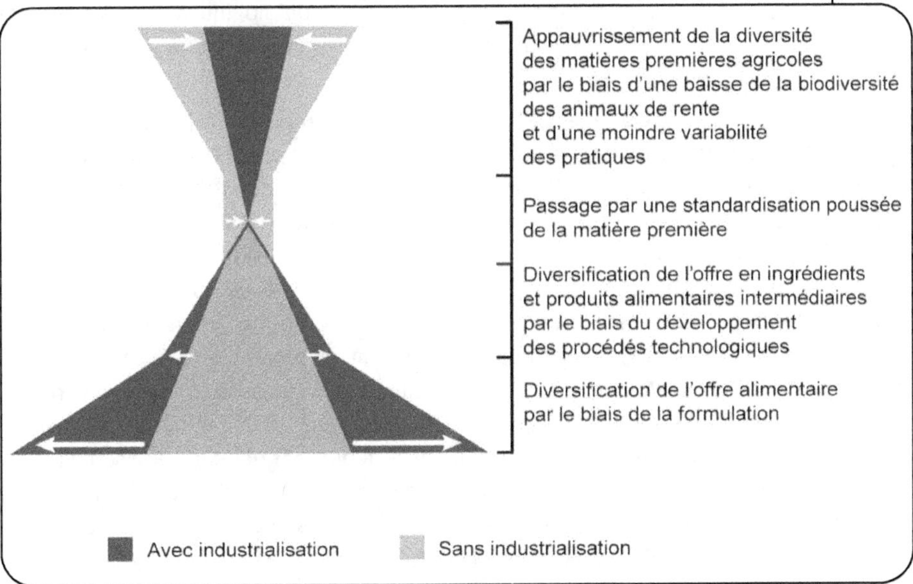

En contrepoint de ce « sablier », l'adaptation des procédés de transformation à la matière première devient l'apanage des petites échelles de transformation : les transformations artisanales et fermières.

L'intérêt de la variabilité de la qualité des produits animaux bruts est rediscuté. L'uniformité est un argument de conformité des produits, alors que leur variabilité est associée à des difficultés. Les rôles respectifs des consommateurs, de l'industrie, des distributeurs dans cette recherche de produits uniformes et constants ne sont pas clairs. La littérature scientifique s'est peu saisie de cette question, et notamment des conséquences, pour la transformation : la variabilité oriente-t-elle vers des échelles industrielles moins grandes ou différentes ?

De façon générale, la variabilité des caractéristiques de la matière première s'accroît avec la diversification des conditions d'élevage des animaux. Certains SIQO cherchent à valoriser cette variabilité. Cela se vérifie pour les produits issus de l'agriculture biologique. Le goulot d'étranglement qui symbolise la standardisation de la matière première s'en retrouve beaucoup moins prononcé.

D'autres SIQO, comme le Label rouge gros bovins, au contraire, réduisent la variabilité de la matière première en effectuant un tri sur les animaux, sur les carcasses et sur les viandes éligibles à la labellisation, comme le SIQO Label rouge gros bovins de boucherie.

▌ Effets des traitements thermiques

Les effets de la cuisson sur les propriétés des produits animaux sont contrastés. Elle joue un rôle primordial dans la maîtrise des dangers microbiologiques, modifie les propriétés organoleptiques (texture, couleur, etc.) et peut dégrader les propriétés nutritionnelles si elle est excessive.

La cuisson améliore généralement la digestibilité des protéines et, par voie de conséquence, leur utilisation par l'organisme. La cuisson des œufs double presque la digestibilité des protéines (de 50 à 90 %). Pour le lait, les traitements industriels (pasteurisation, UHT, séchage par atomisation) semblent préserver globalement le niveau élevé de la digestibilité des protéines. Pour la viande, l'effet semble suivre une évolution « en cloche » en fonction de la température : la vitesse de digestion la plus élevée (favorable à la santé) étant observée pour une température de cuisson de l'ordre de 70-75 °C à cœur (Bax *et al.*, 2012). Mais les hautes températures dénaturent les protéines : à une température supérieure à 90-100 °C, l'oxydation des acides aminés basiques, soufrés et aromatiques conduit à une perte de solubilité des protéines, à leur précipitation et parfois à la formation d'agrégats ainsi qu'à la formation de composés néoformés délétères à la santé (AHA). Des pertes importantes en nutriments solubles peuvent intervenir lors de la cuisson. Les vitamines thermosensibles B12, B3 et B6 et une partie des oligoéléments d'intérêt (fer, zinc, sélénium) peuvent être expulsées dans le jus des viandes.

En France, la quasi-totalité du lait est bue sous forme de lait UHT. Ce traitement consiste à chauffer le lait à plus de 135 °C pendant 1 à 9 secondes puis à le refroidir rapidement. Cela détruit l'ensemble des micro-organismes présents et inactive en grande partie les enzymes, ce qui permet de conserver le lait jusqu'à 9 mois à température ambiante, alors que le lait pasteurisé ne se conserve réfrigéré qu'une quinzaine de jours. Le traitement

UHT et le stockage de longue durée modifient le goût du lait, qui acquiert des notes de caramel. Cette flaveur provient de composés volatils issus de la dénaturation de la béta-lactoglobuline, des réactions de Maillard ainsi que de l'oxydation des acides gras. Le conditionnement en brique (Tetra Brick ou Tetra Pak) met, de plus, le lait en contact avec une feuille de polyéthylène qui interagit avec certains composés volatils du lait (composés néoformés).

Les acides gras étant exposés sur très peu de temps à une haute température, la composition des matières grasses du lait UHT est peu altérée. En revanche, l'homogénéisation des matières grasses préalables au traitement UHT divise la taille des globules gras par 10 et multiplie leur nombre par 1 000 ou plus. Cette modification de la structure des globules gras accélérerait possiblement leur digestion, ce qui serait potentiellement bénéfique à la santé (sans que cela ait été démontré chez les humains). Le traitement UHT dénature de 40 à 80 % des protéines, selon le type de traitement UHT (les traitements par injection directe de vapeur dans le lait étant les moins dénaturants). L'impact de cette dénaturation sur la digestion reste incertain : de nombreuses études *in vitro* montrent que les caséines résistent plus à la digestion lorsqu'elles sont chauffées (Dupont *et al.*, 2010), mais une étude clinique conclut, au contraire, à une accélération de la digestion et de l'absorption des protéines (Lacroix *et al.*, 2008). Enfin, le traitement UHT modifie peu la teneur en vitamines, sauf les vitamines thermosensibles B1, B12, B6 et B9. La perte de vitamines (C en particulier) est plus imputable à l'oxydation qu'à l'effet du chauffage.

Les procédés de cuisson des viandes les plus utilisés à travers le monde sont des cuissons intenses : grillade, rôtissage, friture. Ils sont plébiscités parce qu'ils apportent du goût, du croustillant. Au barbecue, la température de la surface au contact de la viande dépasse souvent 260 °C ; dans une friture, la température varie entre 175 °C et 190 °C. Les composés néoformés se trouvent principalement en surface du produit. En revanche, comparée à une viande saignante, une viande « bien cuite » réduit les risques de contaminations microbiologiques. À notre connaissance, une seule revue de la littérature (Sobral *et al.*, 2018, tableau 4.1) a comparé les modes de cuisson des viandes et poissons. Cuisiner les viandes avec des huiles végétales (olive, tournesol) peut diminuer la proportion des acides gras saturés dans l'aliment en faveur des acides gras insaturés. Par exemple, un aliment précuit dans de l'huile d'olive et réchauffé au four aboutit à un ratio oméga-6/oméga-3 en accord avec les recommandations nutritionnelles. Par ailleurs, la cuisson peut entraîner des pertes de 10 à 15 % en oméga-3 des produits préalablement enrichis (Douny *et al.*, 2015).

Les produits précuits industriels peuvent avoir été soumis à une cuisson longue à basse température pour optimiser leur tendreté et leur caractère juteux. Ce type de cuisson est le plus souvent appliqué sous vide. La maîtrise de l'hygiène microbiologique est importante ; la contamination des viandes bovines ainsi cuites est relativement limitée en profondeur, mais potentiellement plus importante en surface.

Tableau 4.1. Évaluation qualitative globale de l'impact des différentes méthodes de cuisson domestique sur la teneur en nutriments et contaminants dans la viande et la chair de poisson.

Type de cuisson	Nutriments				Contaminants		
	Acides aminés	Acides gras	Vitamines	Minéraux	Antibiotiques	Pesticides	Composés néoformés
Au four		=	= ou –	+	–	–	+
Barbecue							+ +
Bouillie	= ou –	+	– ou – –	–	–	–	=
Frite	–	+ +	+ ou = ou –	–	–	– –	+
Grillée	+ ou –	+	+ ou = ou –	+	+		+ +
Micro-onde	+ ou –	+	= ou –	+	+ ou – –	–	=
Pochée			–				
Rôtie	= ou –		= ou –		+ ou –		
Fumée	+ ou –					+ ou –	+ +
Sous vide	–	+					–
À la vapeur			–		–		–

Pour tous les composés, à l'exception des acides gras : réduction (–), augmentation (+), forte réduction (– –) et forte augmentation (+ +). Acides gras : impact élevé (+) , impact très élevé (+ +) ou pas d'impact (=).
Source : Sobral *et al.* (2018).

Plusieurs travaux évaluent la possibilité de limiter la formation des composés néoformés dans les viandes. Les antioxydants naturels contenus dans les épices et les herbes inhibent la formation d'amines hétérocycliques dans les viandes cuites. Des travaux ont démontré une réduction significative de la teneur en AHA dans la viande frite de bœuf lorsqu'elle est consommée avec une marinade d'huile avec de l'ail, de l'oignon et du jus de citron, ou mieux un mélange curcuma-citronnelle. Ces études n'ont cependant pas évalué les conséquences en matière de bénéfices-risques pour la santé.

Des procédés alternatifs aux traitements thermiques existent ou sont à l'étude. Les traitements par hautes pressions (HPP) offrent une solution alternative de stérilisation des aliments faiblement acides, à des températures modérées, sans induire d'effets de la cuisson. L'aliment à traiter est emballé sous vide, soumis à de hautes pressions grâce à de l'eau pressurisée qui remplace l'air autour du produit. L'utilisation des HPP en alimentaire entre dans la réglementation Novel Food (nouvel aliment, Union européenne, 2015), c'est-à-dire que l'Anses doit en évaluer l'innocuité. Cette technique concerne surtout les viandes transformées. En France, elle a été autorisée pour des magrets de canard séchés et fumés, de la viande de volaille marinée, du jambon de porc et des plats cuisinés à base de chair de poisson. L'effet des hautes pressions sur la qualité des produits dépend du niveau de pression appliqué. Une pression supérieure à 400 MPa est généralement nécessaire pour inactiver les micro-organismes. Une des limites de cette technique tient au recours indispensable aux emballages plastiques souples qui transmettent les pressions appliquées. D'autres innovations comme l'utilisation d'ultrasons, de champs électriques pulsés, d'ondes de choc hydrodynamique sont aujourd'hui explorées pour leurs effets sur les propriétés organoleptiques de l'aliment et l'amélioration de la tendreté de la viande.

▌ Hachage de la viande

Le steak haché a permis de régler le débouché de viandes plus difficiles à valoriser comme les quartiers avant (poitrine, collier, pièces à pot-au-feu, à braiser), les carcasses mal conformées et les animaux âgés. Hacher et mélanger les viandes permet de « rattraper » certains défauts (viande dure ou flaveur trop forte) et d'utiliser plus de morceaux et tissus. Dans la filière viande bovine, le hachage est devenu un débouché en soi, et même le segment le plus dynamique du marché. On observe maintenant une segmentation de la viande hachée, avec, à côté des steaks hachés de qualité intermédiaire, un « premium » de qualité supérieure issu de morceaux nobles.

Le steak haché de bœuf représente dorénavant près de la moitié de la consommation de viande bovine (40 à 45 %) des ménages français et un tiers de l'utilisation des carcasses (figure 4.4). Sa consommation profite du développement de la restauration hors foyer, en particulier des fast-foods et cafétérias : 12 % des steaks hachés y sont consommés. Le steak haché concourt aussi à la consommation de viande par les enfants, lesquels le plébiscitent (aliment préféré par près de 60 % d'entre eux). Son image positive auprès de plus de 80 % des Français s'appuie sur le fait que c'est un aliment facile à cuisiner et sur ses caractéristiques nutritionnelles et ses bons rapports qualité-prix et qualité-temps. Quelque 40 % des ménages en mangent toutes les semaines.

La gamme des viandes hachées s'est élargie dans les années 2000 avec l'incorporation de protéines végétales, l'augmentation de la teneur en matières grasses et la certification d'une qualité premium. Les steaks hachés « pur bœuf » sont constitués de muscles avec leurs tissus graisseux et conjonctifs, et de chutes de découpe de muscles entiers (› 99 % ; règlement CE n° 853/2004 ; Resano *et al.*, 2011). Ils contiennent entre 5 % (sans ajout) et 20 % de matière grasse. L'intensité de la flaveur, le caractère juteux et la tendreté du steak haché augmentent avec le taux de matière grasse. Les autres préparations de viande hachée peuvent contenir jusqu'à 30 % du poids du produit en protéines végétales en France (aucune indication dans le règlement européen). Divers ingrédients peuvent remplacer les protéines animales (carraghénanes, fibres, son, isolats de soja, ajout d'eau et de phosphates, substituts de graisses, protéines de lait, œufs, ou végétaux, hydrocolloïdes ou amidon, etc.). Le conditionnement peut être identique à celui du steak haché, mais l'aliment ne peut prétendre à cette appellation.

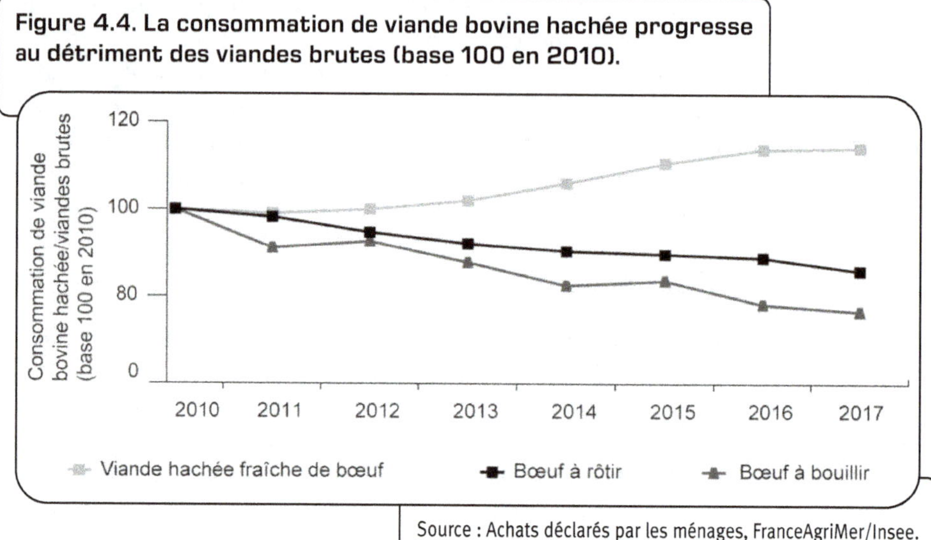

Figure 4.4. La consommation de viande bovine hachée progresse au détriment des viandes brutes (base 100 en 2010).

Source : Achats déclarés par les ménages, FranceAgriMer/Insee.

Dans la filière ovine, la fabrication de saucisses et de steaks hachés (burger) est un moyen de valoriser la viande de moindre valeur commerciale, mais l'offre est encore restreinte. Les problèmes de flaveur, que l'on rencontre dans la viande issue d'agneaux d'herbe âgés, sont atténués dans la fabrication des saucisses par l'ajout de sucres (glucose, sucrose, xylose). L'utilisation de plantes aromatiques ou d'épices lors de la fabrication masque également les flaveurs intenses de « mouton ». Les acteurs de la recherche-développement étudient la faisabilité de ces stratégies pour capter des consommateurs peu habitués à consommer de la viande ovine et qui sont, de ce fait, plus sensibles à sa flaveur spécifique.

Fractionnement de la matière première

Les entreprises spécialisées dans l'extraction d'ingrédients à partir de la matière première agricole fabriquent des PAI. Les transformateurs de 2e génération ont recours à cette multitude de PAI, dont les propriétés technologiques et/ou nutritionnelles sont modifiées, concentrées, « améliorées » et surtout standardisées.

Le fractionnement des matières premières ou *cracking* offre aux industries agroalimentaires des lipides, protéines, glucides, molécules, etc., ayant des fonctionnalités spécifiques (figure 4.5). L'assemblage des ingrédients peut aboutir à des aliments ou passer par une bioconversion qui donnera de nouveaux composés intermédiaires. Les PAI issus des produits animaux sont très nombreux. Ils sont essentiellement issus du lait et des œufs.

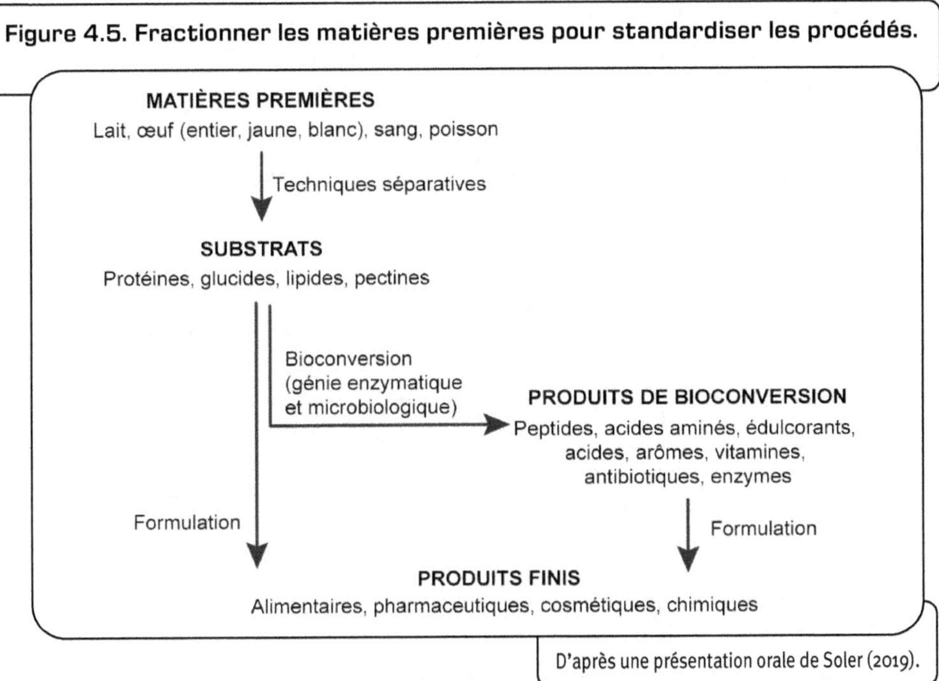

Figure 4.5. Fractionner les matières premières pour standardiser les procédés.

D'après une présentation orale de Soler (2019).

Les ovoproduits sont le débouché d'environ 40 % de la production française d'œufs. Ils fournissent des ingrédients aux industriels et artisans des métiers de bouche ou des œufs durs, produits cuits ou prémix prêts à l'emploi pour la restauration collective. Les ovoproduits ont pour intérêt de combiner les propriétés de l'œuf et celles de produits pré-formulés, conditionnés sous un format liquide, congelé ou en poudre. Les ovoproduits sont souvent pasteurisés afin de limiter les risques biologiques (*Salmonella*), surtout lorsque l'œuf est incorporé dans des préparations crues. La déshydratation lève plusieurs contraintes économiques en facilitant la régulation des marchés (en cas de surproduction ponctuelle par exemple) et en abaissant les coûts de transport et de stockage. Les poudres de blanc d'œuf font ainsi l'objet d'intenses échanges internationaux. Les poudres et solutions liquides diffèrent dans leur composition et leurs propriétés : la teneur en protéines des poudres d'œufs entiers dépasse ainsi 40 %, 60 % dans le jaune et avoisine 80 % pour la poudre de blanc d'œuf.

Les propriétés technologiques des ovoproduits sont largement utilisées en cuisine (tableau 4.2). Le jaune d'œuf est surtout utilisé pour ses propriétés émulsifiantes liées à la lécithine et aux protéines qu'il contient, et pour ses propriétés colorantes. Le blanc a un pouvoir foisonnant et gélifiant. De nombreuses études décrivent et expliquent les mécanismes physico-chimiques en jeu dans ces propriétés, mais peu portent sur leurs impacts dans les aliments composites. L'ajout de sel ou de sucre dans les prémix protège la couleur et les arômes du jaune d'œuf au cours de la cuisson, ainsi que ses propriétés émulsifiantes. Des teneurs élevées allongent la durée de conservation et augmentent les propriétés moussantes, au détriment des propriétés nutritionnelles de l'aliment final. Gommes et texturants sont souvent ajoutés. Quelques trajectoires de fabrication remontent jusqu'à l'alimentation des poules pondeuses afin d'influencer la composition de l'œuf et la couleur du jaune pour la fabrication de pâtes aux œufs, par exemple.

Tableau 4.2. Propriétés techno-fonctionnelles et principales applications alimentaires des ovoproduits.

	Œuf entier	Jaune d'œuf	Blanc d'œuf
Pâtisserie, biscuiterie	Foisonnant, gélifiant, liant, colorant	Émulsifiant, colorant	Foisonnant
Confiseries			Foisonnant
Glaces	Liant	Émulsifiant	
Plats cuisinés	Liant, émulsifiant, colorant		Gélifiant
Charcuteries, terrines de poisson	Liant, émulsifiant		Gélifiant
Pâtes alimentaires	Colorant, liant, élasticité		
Soufflés, quiches, tartes	Liant, émulsifiant, élasticité, colorant		
Sauces	Liant, émulsifiant, colorant	Émulsifiant, épaississant	Épaississant

Enfin, certains ingrédients offrent une forte valeur ajoutée. C'est le cas de la lécithine et des immunoglobulines Y (usage vétérinaire) pour le jaune d'œuf et du lysozyme dans le blanc (conservateur naturel utilisé en alimentation et en pharmacie). Il est aujourd'hui possible de fractionner « en cascade » les protéines du blanc d'œuf (Guérin-Dubiard et Anton, 2010).

Les protéines du sang possèdent de multiples propriétés technologiques culinaires : elles sont utilisées comme gélifiant, agent moussant ou liant pour la fabrication de produits prêts à consommer à base de viande. Les produits dérivés du sang, à haute valeur ajoutée, sont aussi utilisés en tant que compléments alimentaires. Ces produits sont généralement commercialisés en poudre. Le fractionnement s'intéresse à d'autres coproduits comme le collagène (pouvoir structurant) ou de peptides issus de son hydrolyse ayant une activité anti-hypertensive, anti-cholestérol, antioxydante, etc.

Le *cracking* du lait représente environ 14 % du débouché du lait (figure 4.6). Le *cracking* était au départ une technique de stabilisation des éléments en suspension dans le lait. Il offre désormais des débouchés avec de fortes valeurs ajoutées. Le *cracking* consiste en une succession d'opérations techniques, dont au moins une phase de déshydratation permettant de sélectionner et concentrer les différentes composantes du lait. La multifonctionnalité des ingrédients permet leur incorporation dans une large gamme de produits : plats préparés, diététiques, produits infantiles, etc. Les fonctionnalités de ces fractions et molécules issues du *cracking* ne sont pas encore complètement comprises, ni les effets de leurs assemblages sur la santé.

Figure 4.6. Principales opérations unitaires sur le lait.

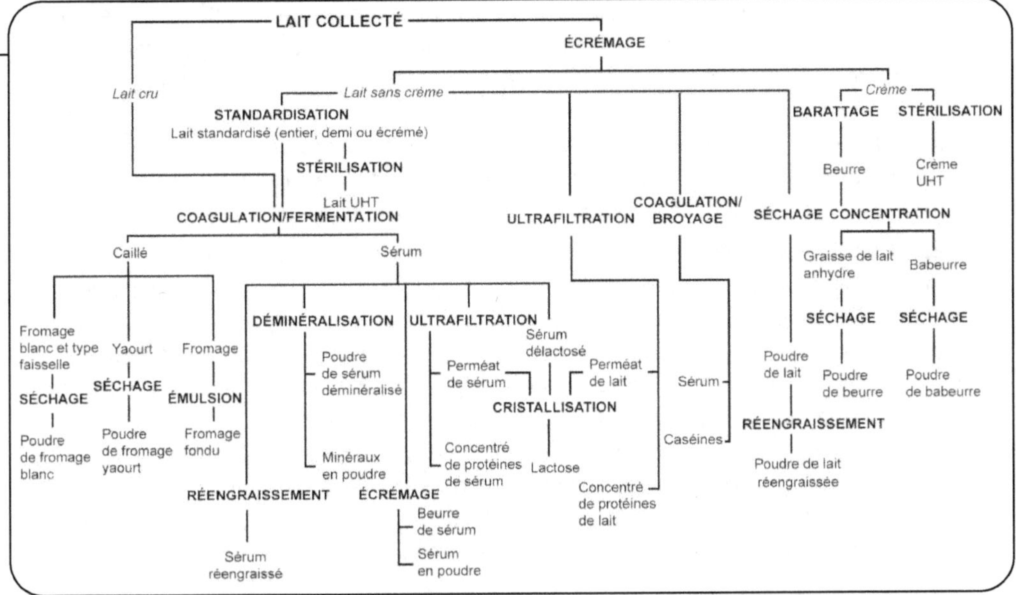

▊ Formulation des produits

La formulation des produits transformés et des plats préparés est actuellement fortement questionnée. Les nutritionnistes lui reprochent un rapport densité en nutriments sur densité calorique faible (notion de « calories vides ») et de contenir beaucoup d'additifs, dont certains ont un effet délétère sur la santé (voir chapitre 2, « Contaminations chimiques au niveau de l'élevage et de la transformation », p. 39). Si les produits animaux bruts sont riches en nutriments d'intérêt nutritionnel, ils contribuent à une large gamme de préparations culinaires dont le profil nutritionnel peut être nettement moins bon. Parmi les produits transformés contenant du lait et des œufs figurent par exemple les glaces et les pâtes à tartiner, les sauces et les viennoiseries qui sont très caloriques, mais peu denses en nutriments.

Certains produits élaborés de volailles illustrent la dégradation des propriétés nutritionnelles de la viande de volaille. Ils contiennent un grand nombre d'ingrédients et d'additifs : l'eau, pour compenser les pertes en jus au cours de la cuisson, accroître le caractère juteux et réduire la teneur en lipides, des sels (chlorure de sodium, phosphates, nitrite, nitrate, sodium ascorbate et sodium érythorbate), des épices pour la flaveur, la couleur et leurs propriétés anti-oxydantes et antimicrobiennes, ainsi que des agents sucrants et brunissants, antioxydants, ferments, inhibiteurs de moisissures, acidifiants, enzymes, agents gélifiants et texturants, etc. (Barbut, 2015).

Des substitutions végétales partielles sont fréquentes dans les aliments transformés d'origine animale. L'incorporation de protéines végétales dans les viandes transformées et les produits laitiers n'a pas grand intérêt en termes nutritionnels, sauf l'apport conjoint de fibres. En revanche, elle est justifiée par les transformateurs et les consommateurs sur un plan éthique, environnemental et économique. Produire des végétaux plutôt que des produits animaux réduit les impacts climatiques et l'utilisation de ressources naturelles. La substitution limite le nombre d'animaux consommés et donc abattus. Les motivations sont aussi économiques, produire et consommer des végétaux revenant généralement moins cher. À titre d'exemple, les préparations de viandes hachées incorporant jusqu'à 50 % de protéines de soja apportent des protéines de bonne qualité, mais l'apport en minéraux et vitamines est réduit. Le bénéfice économique pour le transformateur est, lui, indéniable.

Il est démontré qu'on peut remplacer jusqu'à 50 % de la matière grasse animale dans certains aliments par des matières grasses végétales sans affecter sensiblement leurs propriétés organoleptiques. Des travaux récents ont porté sur du saucisson et du chorizo (Safa *et al.*, 2015). Ces substitutions peuvent être intéressantes si les huiles végétales sont favorables à la santé : noix, lin, colza, germe de blé par exemple. L'incorporation d'huiles de poisson ou de micro-algues accroît la proportion des acides gras insaturés au détriment des acides gras saturés, mais elle affecte négativement les propriétés organoleptiques et il faut donc ajouter des antioxydants. Parallèlement, de nombreuses études ont démontré l'intérêt d'ajouter des fibres, souvent d'origine végétale, dans les produits à teneur réduite en graisse afin de préserver les propriétés organoleptiques, sans altérer la sécurité microbiologique des produits.

▌ Conditionnement et biopréservation

L'usage croissant des emballages a accompagné l'évolution des pratiques industrielles de transformation des produits et des modes de consommation. Les emballages allongent la durée de conservation en assurant une protection du produit contre les contaminations biologiques et environnementales. Les matières premières animales peuvent être emballées dès les premières phases de leur transformation et être reconditionnées plusieurs fois au cours de la transformation, puis de la distribution, et de nouveau chez les consommateurs.

Les matériaux d'emballage au contact des aliments sont une source potentielle de contamination chimique des aliments. Les risques de transfert des molécules de l'emballage au produit sont avérés. L'impact délétère sur la santé humaine de l'exposition à des perturbateurs endocriniens (bisphénols, phtalates, etc.) issus des emballages fait évoluer la réglementation européenne. L'effet cocktail des substances potentiellement en interaction pourrait présenter un danger supérieur à l'exposition d'une seule molécule. Le recyclage des matériaux d'emballage peut augmenter les risques de contamination (ex. : risque de présence de résidus dans les boîtes d'œufs cartonnées).

La recherche-développement sur les emballages est très dynamique. Le conditionnement sous atmosphère riche en oxygène permet de maintenir une couleur rouge vif, mais il augmente l'oxydation des lipides, et convient donc plutôt à des viandes maigres. Le conditionnement sous atmosphère modifiée contenant du CO_2 inhibe la croissance de flores aérobies d'altération, mais peut augmenter les phénomènes de décoloration. L'emploi de monoxyde de carbone n'est pas autorisé dans l'UE, car il préserve la couleur rouge vif intense, ce qui peut induire en erreur le consommateur puisque celui-ci utilise la coloration rouge comme indicateur de la fraîcheur.

Sans être spécifiques aux produits animaux, de nouveaux emballages sont développés, en se fondant sur des méthodes d'écoconception moins énergivores employant des matériaux biosourcés ou « actifs », c'est-à-dire qui libèrent des substances produisant un effet antimicrobien ou antioxydant par exemple ou absorbant l'oxygène (règlement CE n° 1935/2004). Ces travaux sont particulièrement intéressants pour les produits animaux, du fait de leur caractère périssable et de leur sensibilité aux pathogènes. La biopréservation est une technique récente prometteuse. Elle s'inspire des principes de préservation des produits fermentés : des micro-organismes (bactéries lactiques) sont appliqués sur un aliment de manière à inhiber le développement d'autres flores qui dégraderaient la qualité du produit. La biopréservation ne modifie pas significativement les propriétés organoleptiques des matières premières. Les premiers projets de biopréservation ont été appliqués aux produits de la mer et datent d'une dizaine d'années. Viandes fraîches, cuites, et même le jambon sec, pourraient aussi être ciblés. Les recherches sur la viande hachée, qui peut être contaminée à cœur et consommée peu cuite, illustrent l'enjeu de la biopréservation. Une étude a montré qu'elle réduisait le développement des salmonelles et d'*E. coli* entre autres, pour les aliments sous vide ou sous atmosphère protectrice (Chaillou *et al.*, 2014). De manière générale, la biopréservation peut être appliquée aux produits réfrigérés, à durée de vie courte et en complément des conditionnements sous vide ou sous atmosphère protectrice. Les méthodes de séquençage à haut débit, en identifiant les communautés bactériennes présentes dans les aliments, pourraient accroître son utilisation.

▌ Ultimes transformations au domicile

Très peu de travaux scientifiques analysent les pratiques des ménages en matière de préparation culinaire. Les risques sanitaires liés à la mauvaise conservation des aliments et à la gestion inadéquate du réfrigérateur sont connus. En revanche, les pratiques de cuisson ou de réchauffage sont très peu étudiées. La variabilité des pratiques individuelles et la diversité des équipements constituent une limite majeure à cette étude. L'impact de la baisse du temps consacré à la préparation des repas est souvent mis en avant. Une méta-analyse (fondée sur 3 047 articles ; Reicks *et al.*, 2018) souligne le poids du manque de confiance des personnes qui cuisinent dans leurs compétences culinaires.

▌ Pertes et gaspillages

À l'issue de l'examen des étapes tout au long de la chaîne d'élaboration des aliments d'origine animale, la question des pertes et gaspillages se pose. Ces derniers interpellent à la fois la valeur de l'alimentation, l'éthique, la durabilité, la sobriété et la pertinence de nos modes de production et de consommation (Reicks *et al.*, 2018). Ces dimensions entrent implicitement ou explicitement dans l'appréciation des propriétés d'image, technologiques et commerciales des produits. Lutter contre le gaspillage est devenu une priorité des politiques alimentaires depuis 2016 (loi Garot). Les préconisations touchent à la fois l'utilisation des déchets et coproduits, la sensibilisation des professionnels, l'éducation des enfants et la prévention du gaspillage.

La quantification des pertes et gaspillages alimentaires est difficile tant on manque de données, et tant que la définition de ce que sont les « pertes » et les « gaspillages » et leur périmètre d'évaluation ne sont pas stabilisés. Ainsi, les animaux, les tissus et les produits qui quittent la chaîne alimentaire humaine pour la nourriture pour chiens et chats (*pet food*) sont, ou ne sont pas, considérés comme une perte ; de même, les animaux qui meurent durant l'élevage sont ou ne sont pas inclus. Avec une grande marge d'incertitudes donc, les pertes et gaspillages sont estimés en France autour de 12 % pour les produits laitiers, 12 à 20 % pour les œufs, 21 % pour les viandes, et 31 % pour le poisson (Lipinski *et al.*, 2013). De manière générale, l'étape finale de la consommation est celle où les pertes et gaspillages sont les plus importants (environ 30 % des pertes totales).

Traditionnellement, les filières animales ont toujours cherché à valoriser les coproduits et produits de moindre qualité dans la transformation (par exemple les œufs fêlés transformés en ovoproduits). Les progrès ont été opérés grâce à des équipements plus performants dans l'extraction des chairs et dans le fractionnement des ingrédients. L'attention portée aux coproduits est néanmoins assez récente, notamment dans les filières viandes, malgré des volumes importants de coproduits riches en nutriments (Bechaux *et al.*, 2019). Depuis la crise de la vache folle, le recyclage à l'abattage des « protéines animales transformées » en aliments pour animaux est autorisé seulement pour les filières aquacoles (depuis 2013 au niveau européen, 2017 en France). Les retraits en abattoirs sont majoritairement recyclés en *pet food*, sauf pour les ruminants, dont une partie importante est incinérée.

Compromis effectués au cours de la fabrication des produits

L'EXTRÊME DIVERSITÉ DES RECETTES rend difficile une présentation générique des itinéraires de construction de la qualité des produits transformés. Nous avons illustré les compromis résultant des choix faits par les acteurs de la transformation des produits, par quelques exemples : les jambons, les fromages, les *nuggets* de volailles, le lait infantile et le poisson fumé.

■ « Construction » de la qualité tout au long de l'élaboration du produit

L'exemple pris ici est celui des jambons cuits et secs.

Fortement encadrée par un Code des usages, la charcuterie illustre la « construction » de la qualité des produits finis. Les exemples des jambons cuits et secs montrent que les choix opérés tant sur la matière première que sur les procédés déterminent la qualité du produit fini.

La qualité des jambons cuits varie selon que leur qualité est standard ou supérieure. L'écart d'exigence démarre dès le choix de la matière première. Dans un jambon supérieur, qui représente 75 % des jambons vendus en France, les muscles utilisés sont de meilleure qualité (plus de noix). Les procédés de fabrication définis dans le Code des usages varient ensuite selon les catégories, y compris pour le taux de sel. La saumure est injectée directement dans le jambon standard. Le malaxage des jambons saumurés en cuves rotatives est plus long pour le jambon supérieur. Chlorure de sodium, sels nitrités, sucres (lactose, etc.), antioxydants et épices/aromates sont employés pour le goût, la couleur et la conservation des produits, avec des doses de sel et de sucre moindres pour le jambon supérieur. L'offre croissante en jambons cuits à teneur réduite en sel (– 25 %) porte généralement sur des jambons de qualité supérieure, car cette réduction rehausse l'exigence de qualité sur la matière première et de maîtrise des étapes de transformation. Les protéines de sang de porc, les gélifiants et les phosphates (additifs) sont autorisés dans le jambon standard, mais pas dans le jambon supérieur. En général, la cuisson des jambons est réalisée sous vide à une température de 67-68 °C à cœur. Le jambon se conserve environ 1 mois à 4 °C. Les propriétés du jambon cuit dépendent d'abord des procédés de transformation. Les facteurs d'élevage (figure 4.7) interviennent moins. Par exemple, le risque de défauts d'odeurs (viande de mâle entier) est faible sur ce produit cuit, consommé froid, et qui contient peu de lipides. Les conditions d'élevage et d'abattage agissent sur la couleur et sur la composition nutritionnelle. Les stratégies d'augmentation des teneurs en oméga-3 dans les aliments donnés aux porcs se répercutent notamment dans le jambon cuit.

La typicité des jambons secs repose, elle, sur la qualité de la matière première et sur le savoir-faire des transformateurs. Contrairement au jambon cuit, la transformation requiert peu d'ingrédients et peu de technologie. En Europe, l'Espagne, l'Italie et, dans une moindre mesure, la France sont les principaux producteurs et consommateurs de jambon sec. La France compte trois catégories de jambons secs : le cru (ou cru de pays), le sec et le sec supérieur ou traditionnel. Les consommateurs qui achètent très majoritairement du jambon sec prétranché considèrent les caractéristiques organoleptiques (couleur, texture, flaveur) du jambon avant sa valeur nutritionnelle ou son prix (Resano *et al.*, 2011).

Les conditions d'élevage interagissent fortement avec les conditions de transformation (figure 4.8). Les propriétés organoleptiques dépendent du poids du jambon brut, de l'épaisseur et de la composition du gras, du pH, de la couleur, de la capacité de rétention d'eau. Ces facteurs résultent eux-mêmes du type génétique et des conditions d'élevage et d'abattage des animaux. Les porcs lourds (animaux plus âgés et plus gras) et les croisements ou certaines races spécifiques (porcs gascons, ibériques ou basques) sont plus appropriés à la production de jambon sec que les porcs conventionnels, trop maigres. L'élevage extensif optimise généralement les caractéristiques de la viande : une couleur rouge plus intense, une accrétion lipidique plus forte liée aux ressources alimentaires

Figure 4.7. Relations entre facteurs d'élevage et caractéristiques majeures de la matière première des jambons, puis entre la matière première et les propriétés du jambon cuit.

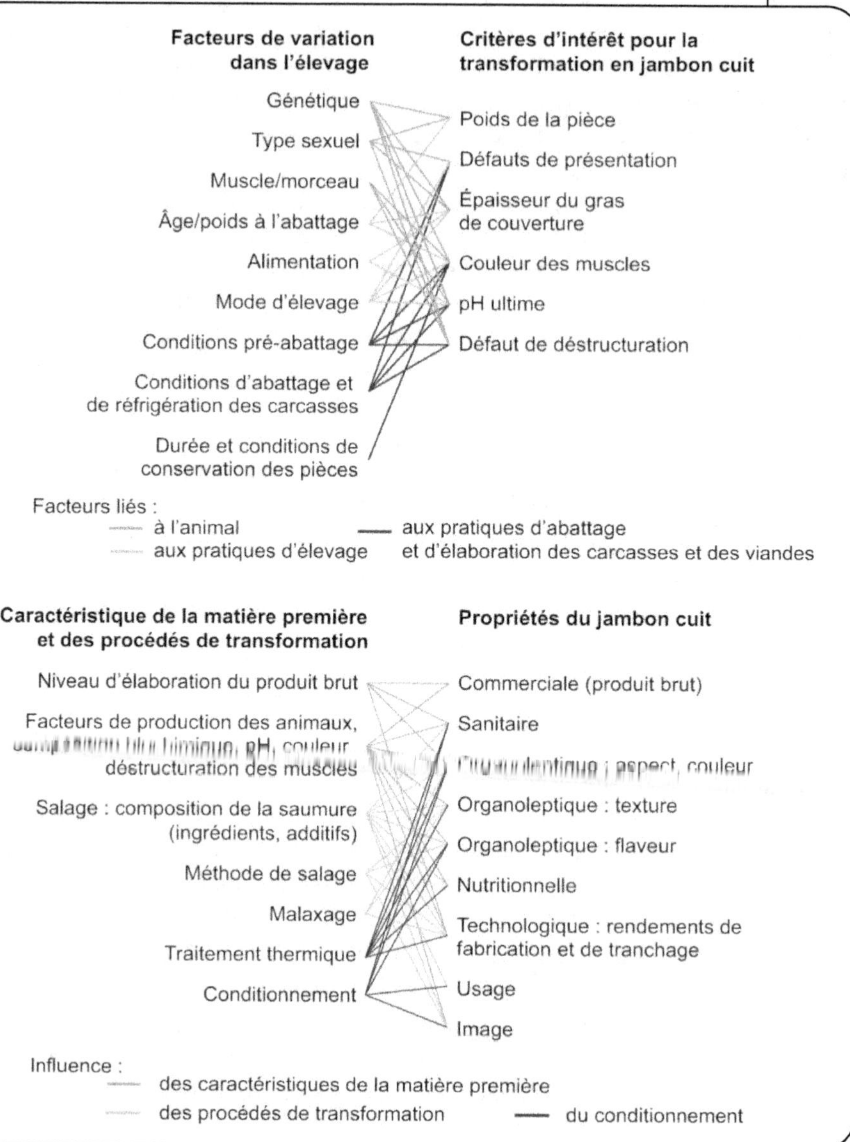

Figure 4.8. Relations entre facteurs d'élevage et caractéristiques majeures de la matière première des jambons, puis entre la matière première et les propriétés du jambon sec.

locales (herbe, glands, châtaignes) consommées par les animaux. L'alimentation fait, en effet, varier les arômes du jambon sec, ainsi que la saison de finition, ces dimensions étant valorisées par certains SIQO. Les élevages intensifs offrent moins de leviers de variation dans l'alimentation et donc moins de spécificités organoleptiques. L'arrêt de la castration à vif des porcs mâles pourrait altérer la flaveur des jambons secs, d'autant que les porcs destinés au jambon sec sont plus âgés et issus de génotypes « gras ».

Au cours de la transformation, les variations de qualité dépendent des pratiques. Les Italiens et les Français privilégient un salage « doux », c'est-à-dire en frottant le jambon avec du sel régulièrement pendant 14 à 21 jours en fonction du poids du jambon. Les procédés espagnols enfouissent le jambon dans un mélange de sel, de sucre et de salpêtre, pendant une dizaine de jours selon le poids. Plusieurs aromates sont autorisés, mais certains additifs ne le sont que pour la catégorie « basique » des jambons crus. L'affinage final dure plusieurs semaines à plusieurs mois. Ainsi, la durée totale de la transformation varie de 7 mois pour la STG Serrano ou l'IGP Bayonne, à 12 à 30 mois pour les AOP Parme et Corse, et peut aller jusqu'à 36 mois pour les AOP Bigorre, Barrancos (Portugal) ou les jambons ibériques. Par ailleurs, les jambons secs de type méditerranéen ne sont pas fumés, contrairement à ceux produits en Europe du Nord.

∎ Synergie entre propriétés

L'exemple pris est celui des fromages issus d'animaux nourris à l'herbe.

Les propriétés des fromages dépendent surtout des procédés technologiques mis en œuvre. Il est ainsi possible d'obtenir une grande variété de fromages à partir d'un même lait. Néanmoins, certaines pratiques d'élevage, et en particulier le pâturage, sont à l'origine de produits laitiers aux propriétés organoleptiques et nutritionnelles distinctes.

La teneur importante de l'herbe en bêta-carotène et la composition botanique des prairies déterminent les propriétés organoleptiques des fromages (*idem* pour le beurre). Les fromages issus de vaches au pâturage sont généralement plus jaunes, leur goût plus intense, leur texture plus crémeuse, leur odeur spécifique et variable selon la composition botanique des prairies, le stade végétatif de l'herbe et la saison. Les différences entre le pâturage et une alimentation à base de foin ou l'ensilage d'herbe sont perceptibles, et encore plus nettes avec de l'ensilage de maïs. Remplacer 15 % de la ration de maïs par le pâturage d'une prairie naturelle modifie la note organoleptique globale. Par ailleurs, le profil en AGPI est amélioré et le ratio AGPI/AGS augmente (voir chapitre 3, « Alimentation des animaux, un facteur majeur », p. 63). L'image du fromage issu de vaches au pâturage est également meilleure.

Ces effets du pâturage sont dus à plusieurs mécanismes biologiques. Le bêta-carotène de l'herbe est partiellement détruit lors du fanage et du séchage du foin, et l'ensilage de maïs en contient très peu. Les flaveurs plus riches et diversifiées ont été associées à la composition botanique des prairies naturelles du fait d'une plus grande quantité et d'une plus grande diversité des composés volatils. Les chercheurs n'ont cependant pas établi de liens génériques entre un type botanique ou la présence de certaines plantes et des caractéristiques organoleptiques particulières des fromages. Les hypothèses suggèrent l'influence des terpènes, substances aromatiques très présentes dans les plantes, ou/et de micro-organismes ou de composés du lait produits par l'animal suite à l'ingestion de couverts prairiaux ou de plantes spécifiques (acides gras, enzymes, par exemple).

Les étapes de transformation peuvent accentuer ou gommer les effets du pâturage. Les fromages à pâte pressée, ayant une concentration plus élevée en matières grasses que ceux à pâte molle, sont plus sensibles à l'effet « pâturage ». Pour un même type de fromage, la durée d'affinage semble accentuer les différences organoleptiques, alors que la standardisation du lait en début de fabrication les réduit. Lorsque le lait est pasteurisé, les variations de flaveur selon l'alimentation des vaches sont atténuées, voire totalement gommées. Ces variations nourrissent les conflits entre filières au lait cru et au lait pasteurisé, comme celui qui perdure depuis plusieurs décennies autour de l'appellation Camembert de Normandie.

▌ Antagonisme entre rentabilité et propriétés nutritionnelles

L'exemple pris est celui des *nuggets* de volailles.

La composition des *nuggets* de volailles va à l'encontre des recommandations nutritionnelles en raison de leur richesse calorique et d'un excès de sel. Selon les modalités de cuisson, la teneur en lipides et en sel des *nuggets* peut doubler (lipides : 10,9 et 22,7 %, sel : entre 0,87 et 1,63 %). Une portion journalière de *nuggets* représente jusqu'à presque la moitié du besoin journalier en sel d'un adulte (Albuquerque *et al.*, 2016). La viande ne représente que 40-50 %, le reste étant de la graisse, des nerfs, des vaisseaux sanguins (Albuquerque *et al.*, 2016).

Quelques travaux expérimentaux envisagent diverses voies d'amélioration nutritionnelle. Modifier la recette de la panure peut par exemple diminuer les effets défavorables de la prise d'huile pendant la friture et la formation d'acrylamide. L'enrichissement en oméga-3 et antioxydants (huile essentielle de thym, clou de girofle, huile de poisson encapsulée, etc.) dans les *nuggets* précuits peut réduire les risques d'oxydation susceptibles d'altérer le goût. Un autre pan des recherches optimise le compromis entre coûts de fabrication et qualité, en testant notamment l'introduction de matières premières moins chères (peau, son et gluten de blé, soja, etc.). Les résultats tendent à montrer que la flaveur des *nuggets* ne serait pas altérée jusqu'à un niveau d'incorporation de 30 % pour le soja et de 40 % pour le blé. Des taux de 15 à 40 % sont proposés pour l'incorporation de viande de poulet séparée mécaniquement et lavée avec une solution de NaCl, moins chère et qui présenterait l'avantage de ne pas modifier la composition chimique et les propriétés organoleptiques des produits. La cuisson est aussi étudiée sous l'angle de ses performances technologiques et organoleptiques, en particulier les effets de la friture selon la durée, le type d'huile ou encore l'optimum du couple temps-température. Les *nuggets* cuits à la vapeur ont le meilleur rendement après cuisson, mais pas la meilleure appréciation organoleptique.

De tels travaux existent pour les autres produits élaborés de volailles. Une série d'études récentes s'est ainsi intéressée à la substitution des graisses animales par des huiles végétales (olive, noix) dans les saucisses de volailles.

▌Tension entre sécurité sanitaire et propriétés nutritionnelles

Les tensions entre sécurité sanitaire et propriétés nutritionnelles concernent de nombreux produits transformés. Elles sont illustrées ici par des produits très différents : le lait infantile, les produits carnés et le poisson fumé.

La formulation du lait infantile (réglementée au niveau européen) est importante, puisqu'il s'agit de produits destinés aux nouveau-nés chez lesquels les nutriments vont favoriser la croissance, le développement des principales fonctions motrices et cognitives, la maturation du système immunitaire et la structuration du microbiote intestinal. Le lait infantile, vendu en poudre, résulte d'une dizaine d'étapes de transformations technologiques du lait de vache. Il s'agit de modifier sa composition afin de se rapprocher de celle du lait humain. Le rapport caséines/protéines solubles doit notamment passer de 80/20 (lait de vache) à 40/60 (lait de femme). La préparation est pasteurisée, concentrée, complétée par des matières grasses végétales (pour se rapprocher du rapport AGPI/AGS du lait humain), homogénéisée, puis séchée. Ce schéma général se décline en quelque 160 formules infantiles différentes sur le marché français.

Durant la fabrication, les ingrédients subissent une succession de traitements thermiques drastiques. Les matières premières (ingrédients et lait écrémé) ont la plupart du temps déjà été traitées thermiquement. Pendant la fabrication, jusqu'à sept autres traitements thermiques vont de nouveau être effectués afin de garantir la qualité sanitaire et aboutir à la déshydratation finale. Ces chauffages endommagent l'intégrité, voire dénaturent les protéines et favorisent l'apparition de composés néoformés. La structure des constituants protéiques et lipidiques du lait infantile diffère donc nettement du lait humain. Les procédés d'homogénéisation du lait, en fragmentant les globules gras en petites gouttelettes, lui font perdre les propriétés bioactives des globules gras de grande taille. Au niveau glucidique, le lait humain contient une myriade d'oligosaccharides qui sont absents des formules infantiles alors qu'ils interviennent dans la structuration du microbiote. De même, l'écosystème microbien spécifique au lait de chaque espèce joue un rôle primordial dans la mise en place du microbiote intestinal du nouveau-né. Enfin, le lait infantile ne contient pas certains composés mineurs susceptibles d'avoir un rôle essentiel sur la santé de l'enfant : immunoglobulines, facteurs de croissance, micro-ARN, acides nucléiques, etc. Toutes ces différences influent sur la vitesse de digestion du lait infantile. Les connaissances scientifiques ne permettent actuellement pas de savoir si ces différences ont des conséquences physiologiques pour le nouveau-né. Conserver des globules gras de grande taille biomimétiques du lait maternel supposerait de concevoir des formules infantiles beaucoup moins traitées, tout en garantissant une sécurité microbiologique maximale. Les chercheurs s'interrogent par ailleurs sur les possibles liens entre les différences avec le lait maternel et l'augmentation de la prévalence de l'allergie aux caséines observée ces dernières années, ainsi que la résistance accrue des caséines à la digestion.

Dans les produits carnés, la cuisson et le salage améliorent la conservation des produits, mais génèrent des composés néoformés délétères pour la santé : hydrocarbures aromatiques polycycliques (HAP, cuissons et fumage), amines hétérocycliques aromatiques (AHA, cuisson), acrylamides (panure frite), nitrosamines ou leur précurseur (saumure dans les charcuteries).

Les antioxydants naturels contenus dans les épices et les herbes ont été étudiés en tant qu'inhibiteurs de la formation d'amines hétérocycliques dans les viandes cuites. Si les études ont évalué précisément l'impact de recettes alternatives sur la formation des composés néoformés, elles n'ont toutefois pas évalué les conséquences sur la santé. Un travail pionnier a néanmoins montré, dans deux modèles animaux de carcinogenèse colorectale et chez des volontaires humains sains, l'intérêt des marinades qui, par leur composition en antioxydants, peuvent inhiber la peroxydation lipidique endogène. Ces différents travaux invitent à introduire des indications de recettes ou de composition de plats carnés dans les recommandations alimentaires.

Les saumures entrant dans la fabrication des charcuteries et de certains fromages contiennent du nitrite de sodium et du nitrate de potassium dont les effets sont contrastés. Du point de vue de la santé, le nitrite a une fonction bactériostatique d'intérêt majeur contre le botulisme. Cependant, dans le même temps, son ajout dans la viande favorise la formation de composés N-nitrosés (dont les nitrosamines) potentiellement impliqués dans le cancer colorectal. Le poids relatif des nitrite et nitrate, ajoutés dans les charcuteries, dans la formation des composés N-nitrosés n'est pas bien défini, le nitrite pouvant provenir d'autres aliments et de la réduction de nitrate par la salive.

Alors que la consommation de jambon cuit baisse depuis 2015, les industriels proposent des jambons « à teneur réduite en sel » (– 25 %) ou, plus récemment, « sans nitrite ajouté ». Si ces jambons n'ont certes pas reçu d'ajout de nitrite lors de leur fabrication, ils peuvent en contenir : le nitrate étant naturellement présent dans la viande, ou pouvant provenir d'ajout de nitrate dans la saumure ou de bouillon de légumes. La substitution des sels nitrités par des poudres de légumes (céleri, betterave, poireau, etc.) riches en nitrate impose en effet d'ajouter des flores microbiennes pour assurer la réduction du nitrate en nitrite et s'avère n'être qu'une « pseudo-solution », puisque le risque lié aux substances néoformées à partir du nitrite est le même (Talon *et al.*, 2015). De nouvelles études sont nécessaires pour élucider les mécanismes mis en jeu dans la chimie du nitrite et dans ses interactions avec les composants de la viande, à la fois lors de la fabrication des produits de charcuterie et lors de la digestion.

L'itinéraire de fabrication du jambon de Parme offre une autre hypothèse. En effet, seul du chlorure de sodium est ajouté, sans qu'aucun problème microbiologique ni défaut de coloration ne surviennent. Des chercheurs ont suggéré que sa couleur rouge brillante viendrait de l'activation accrue d'une enzyme en présence de sel, alors que l'ajout de nitrite inhiberait la formation du composé précurseur de cette activation. La durée de fabrication longue du jambon de Parme (24 mois) entraînerait cette réaction enzymatique.

Le fumage du poisson confère des propriétés organoleptiques très appréciées des consommateurs et prolonge la durée de conservation de ces produits périssables. Ce fumage peut être réalisé à froid ou à chaud, avec une grande variété de bois. Les effets antimicrobiens et antioxydants du fumage ont récemment fait l'objet d'une étude approfondie. Cependant, malgré ces avantages, ce procédé présente un risque pour les consommateurs. Divers cancers fréquents au Nigeria et dans les pays baltes sont associés à la forte consommation de poissons fumés riches en HAP. La production de HAP est due à une combustion incomplète. D'autres procédés, moins fréquemment employés, comme la pulvérisation de fumée liquide obtenue par condensation de la fumée du bois (environ 5 % des poissons fumés en France), limitent la production de HAP.

 Innovations de rupture

Sont ici brièvement présentées trois orientations qui illustrent les débats actuels sur la consommation des aliments d'origine animale. Le manque de recul et le peu de travaux scientifiques ne permettent pas d'analyse poussée. La consommation d'animaux qui ne sont habituellement pas mangés en Europe, comme les insectes, emprunte encore une autre direction.

▮ Substitutions totales des ingrédients d'origine animale par des végétaux

L'intérêt des substitutions vers des ingrédients végétaux repose sur les gains économiques et environnementaux escomptés. C'est moins clair pour la santé humaine : pas ou peu de travaux dressent une comparaison exhaustive des propriétés des produits originels et de leurs substituts. La gamme des substituts est encore restreinte mais concerne à la fois les produits carnés, laitiers et les ovoproduits (steak haché, yaourts, sauces, etc.). Le défi technologique pour maîtriser la stabilité des produits et leur goût est important, surtout sans le recours à des additifs. La formulation des substituts végétaux combine en effet généralement un grand nombre d'ingrédients et d'additifs afin d'imiter au mieux le produit original. Ce faisant, elle comporte le risque de dégrader les propriétés nutritionnelles de l'aliment par rapport à celui qu'il est censé imiter. Plus largement, la place de ces substituts dans les transitions alimentaires n'est pas claire. On peut se demander quels sont les consommateurs qui adopteront ces produits et dans quelle mesure ils les privilégieront plutôt qu'une baisse (sans compensation) de leur consommation en produits animaux.

▮ Émergence des produits analogues

Les innovations en matière de produits analogues questionnent la frontière entre animalité et non-animalité. Soumise à la législation Novel Food (Union européenne, 2007), la mise sur le marché de tels aliments nécessite une autorisation préalable. Depuis les années 2000, quelques projets ont été menés pour produire des tissus musculaires à des fins alimentaires, et des investisseurs misent sur ce créneau. Jusqu'à présent, cette biotechnologie avait des applications médicales. La motivation tient dans la promesse de « cultiver » *in vitro* de la viande sans tuer d'animaux. Les promoteurs avancent aussi l'intérêt de réduire l'impact environnemental en supprimant l'élevage. Des travaux hollandais ont débuté sur de la culture de cellules souches provenant de porc. La technologie consiste à développer des cellules souches, puis à les différencier en cellules musculaires. La technologie actuelle comporte un certain nombre de limites. Citons :

• la co-culture de cellules musculaires, adipeuses et de la matrice extracellulaire dont la complexité reste un défi à surmonter ;

• la formulation de milieux de culture pour assurer un taux de croissance élevé des cellules incluant des nutriments, des facteurs de croissance et hormones (interdits en élevage depuis 2006) et du sérum de veau fœtal ;

• le support de culture permettant l'alignement cellulaire.

Il est, de plus, attendu que la « viande de culture » ressemble à de la vraie viande, bien qu'elle ne corresponde pas à sa définition légale, c'est-à-dire des muscles rattachés au squelette (règlement UE n° 1169/2011 ; Union européenne, 2011b). À ce jour, les études sur les représentations symboliques associées à ces produits et sur leur acceptation sociale manquent.

▌ Personnalisation de l'offre grâce à l'impression 3D

Les stratégies visant à adapter les aliments aux personnes selon leurs besoins individuels s'appuient souvent sur des avancées technologiques, matérielles ou non matérielles. L'impression 3D ouvre une voie à la personnalisation de l'alimentation. Un projet européen[18] a ainsi cherché à imprimer en 3D des aliments adaptés aux besoins des personnes âgées (taille de la portion, texture) et contenant d'éventuels compléments et vitamines alimentaires en fonction de l'état de santé. Dans ce projet ont été mis au point des fluides et des gélifiants à injecter dans l'imprimante afin que le plat soit à la consistance voulue, et des techniques ont été conçues pour mélanger au mieux les ingrédients. L'expérience est cependant encore loin d'un prototype. Cette approche permet d'imaginer la valorisation de certaines protéines animales contenues dans les abats, ou de créer des produits mixant différentes sources de matières premières : animal, végétal, algues, insectes. Pour autant, ces innovations questionnent l'impact de « l'hyper-intrusion » technologique dans l'alimentation, de la dépendance à ces innovations et de la reconfiguration des pratiques culinaires.

---

18. Projet de recherche européen « Performance. Development of Personalised Food Using Rapid Manufacturing for the Nutrition of Elderly Consumers ».

5. Spécificités des produits animaux sous signe de qualité

LES SIGNES OFFICIELS D'IDENTIFICATION DE LA QUALITÉ ET DE L'ORIGINE, ou SIQO, sont une voie de promotion de la qualité des produits. Ces labels sont strictement encadrés et réglementés. Il en existe quatre à l'échelle européenne : les Appellations d'origine protégée (AOP)[19], les Indications géographiques protégées (IGP), les Spécialités traditionnelles garanties (STG) et l'Agriculture biologique (AB), auxquels s'ajoute le Label rouge (LR) qui est une spécificité française (encadré 5.1). Dans le cadre de l'expertise, leurs cahiers des charges ont été étudiés afin de qualifier leurs engagements respectifs en matière de qualité des produits et d'analyser la variabilité des engagements à l'intérieur d'un même SIQO. La littérature utilisée est essentiellement technique et réglementaire, peu de travaux scientifiques abordent cette question. Ce travail exploratoire n'est pas exhaustif de tous les SIQO européens : ont été examinés les cahiers des charges du Label rouge gros bovins, ceux des fromages AOP/IGP de la région Auvergne-Rhône-Alpes et, de manière générale, le SIQO AB. En France, l'Institut national de la qualité et de l'origine (INAO) définit au niveau national les cahiers des charges des LR, AOP, IGP, STG pour chaque produit. L'AB est régie par un cahier des charges européen unique. Ce cadre européen n'empêche pas qu'il y ait des compléments pratiques à l'échelle nationale.

Outre les SIQO, la réglementation européenne inclut des « mentions de qualité ». En France, il existe trois mentions : « montagne », « fermier » et « haute valeur environnementale » (HVE). La production fermière est définie par produit : ainsi, la volaille fermière est régie par un règlement européen (Union européenne, 2008), alors que le fromage fermier est défini par un décret national. En France, le Label rouge et la mention « fermier » sont souvent combinés. L'INAO a annoncé que l'ensemble des SIQO adopteraient bientôt une dimension agroécologique, en intégrant la certification environnementale « HVE » dans leurs cahiers des charges.

La lecture des définitions réglementaires des SIQO permet d'associer les engagements décrits aux sept propriétés constitutives de la qualité d'un produit (annexe III).

La propriété commune à tous les SIQO et mentions de qualité est la qualité d'image. Tous les signes officiels visent à garantir la crédibilité, la fiabilité et la reconnaissance des produits certifiés par les consommateurs. Cette attention à l'image renvoie aux attentes de naturalité, proximité, santé, etc., décrites dans le chapitre 1.

---

19. En France, l'obtention d'une AOP nécessite d'abord celle de l'AOC (Appellation d'origine contrôlée) décernée par l'INAO.

Encadré 5.1. Les cinq SIQO reconnus en France

Label rouge (LR) : produit de qualité supérieure en comparaison des produits standards. Cette qualité supérieure concerne les caractéristiques organoleptiques, l'image et les éléments de présentation ou de service du produit.

Appellation d'origine protégée (AOP) : produit typique dont toutes les étapes de production, de fabrication et de transformation ont lieu dans la zone géographique délimitée, et dont la typicité est basée sur le terroir (interactions entre le milieu géographique, physique et biologique, et les facteurs humains).

Indication géographique protégée (IGP) : produit typique dont au moins une étape parmi la production, la fabrication et la transformation a lieu dans la zone géographique délimitée qui lui confère une qualité, une réputation ou autre caractéristique reconnaissable.

Spécialité traditionnelle garantie (STG) : produit traditionnel, basé sur une composition, une méthode de fabrication ou de transformation traditionnelle.

Agriculture biologique (AB) : produit selon des pratiques respectueuses de l'environnement, préservant la biodiversité, les ressources naturelles et le bien-être animal, correspondant à une approche agroécologique.

Le Label rouge se distingue en promouvant une qualité supérieure à celle des produits standards. L'écart de qualité doit être perceptible par les consommateurs. Dans la définition réglementaire, le Code rural ne spécifie pas les propriétés concernées par la supériorité attendue pour le LR. L'INAO précise qu'il s'agit de propriétés organoleptiques et aussi d'usage. Les SIQO liés à une zone géographique (AOP et IGP) ou à une tradition (STG) mettent en avant des propriétés organoleptiques particulières. Les produits se différencient non par une qualité supérieure, mais par une qualité différente fondée sur la typicité et la spécificité du produit. L'AB est d'abord reliée aux propriétés sanitaires des produits car elle privilégie « l'utilisation de procédés qui ne nuisent pas à l'environnement, ni à la santé humaine » (règlement CE n° 834/2007 ; Union européenne, 2007). Enfin, la certification environnementale HVE précise que les produits issus d'exploitations certifiées HVE ne peuvent se prévaloir d'effets bénéfiques sur les propriétés organoleptiques, nutritionnelles ou sanitaires au titre de la HVE.

Démarches de construction de la qualité

EN UTILISANT DES LOGICIELS D'ANALYSE TEXTUELLE, on peut observer les cooccurrences sémantiques et en tirer des traits statistiques. Appliquées aux cahiers des charges des SIQO, ces analyses montrent que les engagements pris sont à la fois hétéroclites et spécifiques à chaque type de produit. Les deux exemples ci-dessous illustrent certaines

caractéristiques des AOP et IGP, au travers des cahiers des charges de 18 fromages AOP/IGP de la région Auvergne-Rhône-Alpes et de la démarche de construction de la qualité avec le Label rouge gros bovins.

Les fromages AOP et IGP, une typicité organoleptique

Les cahiers des charges des fromages AOP et IGP de la région Auvergne-Rhône-Alpes suivent la chaîne de production depuis la description de l'exploitation (ses caractéristiques et celles du cheptel) jusqu'au conditionnement du fromage. Pour les IGP, une seule étape, la production ou la transformation, doit intervenir dans l'aire géographique définie, et non pas forcément l'ensemble de la chaîne d'élaboration du produit. Pour autant, les cahiers des charges des IGP présentent des engagements aux diverses étapes. L'origine géographique ou la race des animaux et l'alimentation à l'herbe sont les critères les plus communs, avec, dans deux tiers des cas, une durée annuelle de pâturage supérieure à 120 jours. Le recours à l'ensilage est interdit dans un peu plus de la moitié des cas. Le lait cru est une condition pour 10 fromages, mais 8 cahiers des charges autorisent des traitements thermiques.

La typicité mise en avant par la réglementation des AOP/IGP repose sur la délimitation du territoire de production, et pour un tiers des cahiers des charges également sur le matériel et les pratiques fromagères. Certains engagements ne donnent pas lieu à des effets tranchés ou prouvés : par exemple, fixer la fréquence de traite n'a pas d'effet connu sur les propriétés organoleptiques du fromage. De même, la présence de lactosérum dans la ration des vaches et sa provenance sont très souvent indiquées dans les cahiers des charges, mais les effets de ces spécifications sont incertains. En revanche, l'utilisation d'un robot de traite n'est jamais mentionnée. Son interdiction peut parfois être sous-entendue par l'obligation de prévoir 8 heures entre deux traites. Des recherches ont pourtant montré que la traite automatisée détériorait les propriétés sanitaires (forte augmentation du nombre de spores butyriques) dans les exploitations où l'herbe est conservée sous forme d'ensilage. Ces études ne notaient pas d'influence notable sur les propriétés organoleptiques des fromages. L'analyse statistique montre que les engagements concernent surtout les propriétés organoleptiques (3/4 d'entre eux ont un impact positif sur ces propriétés), puis technologiques et d'image. Les propriétés sanitaires, nutritionnelles, commerciales et d'usage interviennent après, par ordre décroissant. On retrouve cette hiérarchie en analysant les cahiers des charges du jambon de Parme AOP et du jambon de Bayonne IGP (qui met aussi en avant les propriétés nutritionnelles du jambon sec).

Comment le Label rouge construit une qualité supérieure

Le cahier des charges du Label rouge doit justifier la qualité supérieure du produit par comparaison avec un produit courant. Ce dernier est souvent défini vaguement, par exemple : « de type laitier », « de tout système de production », « de maturation généralement comprise entre 3 et 5 jours », dans les cahiers des charges du Label rouge gros bovins.

La majorité des engagements pris dans les cahiers des charges LR gros bovins (au nombre de 16 début 2020) a un impact positif sur les propriétés organoleptiques. Les engagements quant au choix d'une race pure locale, au bien-être animal, à l'entretien du paysage et du territoire et au respect de l'environnement renvoient aux propriétés d'image. Cependant, la castration des mâles est obligatoire. Seuls les femelles et les mâles castrés sont labellisables. Les autres propriétés, même si elles ne participent pas à la définition initiale du LR, bénéficient des engagements pris. Ainsi, l'importance du pâturage, de l'alimentation à l'herbe, et les indications pour la finition (lin dans la ration) ont un effet positif sur les propriétés nutritionnelles.

L'obtention de la qualité organoleptique supérieure se « construit » ainsi à travers la succession de choix et de conditions fixées tout au long de la chaîne de production (tableau 5.1).

Tableau 5.1. Renforcement des propriétés organoleptiques de la viande du fait des engagements des cahiers des charges LR gros bovins tout au long de la chaîne de production/transformation.

Étapes d'élaboration du produit	Critère	Produit courant	Engagement Label rouge →	Propriétés organoleptiques de la viande
Type d'animal	Race	–	Race à viande, 1 ou quelques races	Couleur, jutosité, tendreté, flaveur
	Type sexuel	–	Pas de mâles non castrés	Tendreté
	Âge à l'abattage	–	› 30 mois 28-120 mois, voire plus restrictif	Tendreté, couleur
Élevage	Pâturage	–	› 5 mois/an, voire › 8 mois/an	Couleur
Pré-abattage	Bien-être	–	Max 24 h entre enlèvement et abattage	Couleur, tendreté
Carcasse	Conformation	Toutes classes de développement musculaire : EUROP	E-U-R (développement musculaire important), voire E-U ou U-R	Peu de liens avec la jutosité et la flaveur
	Engraissement (notation)	1 à 5	2 à 4	Tendreté, jutosité, flaveur
	pH ultime	–	≤ 5,8	Couleur, jutosité
Viande	Maturation	3 à 5 j en moyenne	Viandes à griller/rôtir : › 10 j, voire › 14 j	Tendreté, flaveur

Gris clair : engagement sur le troupeau ; gris foncé : tri par individu.

Cette construction de la qualité se réalise par des tris successifs : tri du type d'animal éligible au niveau de l'élevage, tri des animaux, tri des carcasses et des viandes labellisables à l'abattoir, etc. Contrairement à l'agriculture biologique, où tous les produits issus d'un élevage peuvent être commercialisés sous le label AB, certains animaux (bovins mâles entiers, carcasses de conformation et/ou d'état d'engraissement jugés non satisfaisants) et morceaux (viandes de pH trop élevé) ne sont pas éligibles à la labellisation et sont alors commercialisés dans le circuit standard.

En 2000, une étude (Roche *et al.*, 2000) sur les LR gros bovins n'avait identifié que deux sources de variation entre les cahiers des charges : les caractéristiques de la carcasse (conformation, état d'engraissement, poids) et l'alimentation des animaux (alternance pâture/stabulation, maïs autorisé ou non, ensilage en unique fourrage interdit, finition à l'herbe). Elle signalait aussi que les démarches du LR étaient souvent basées sur une différenciation par la race et la zone de production. Depuis cette étude, le Label rouge s'est détaché du lien avec une zone géographique, désormais réservée aux AOP/IGP. En revanche, le lien avec les races a été conservé. Cependant, le Label rouge n'intègre pas la notion de race en conservation. Par exemple, la race bovine Mirandaise est décrite comme s'engraissant facilement. Elle est réputée pour ses veaux de lait et ses bœufs « nacrés de Gascogne » et classée comme sentinelle par l'association Slow Food. Elle pourrait faire l'objet d'un Label rouge, pour faire reconnaître ses qualités gustatives, en lien avec les objectifs de préservation de la biodiversité fixés par l'INAO.

Engagements et répercussions de l'agriculture biologique

Entre variabilité et différenciation

Les consommateurs de produits issus de l'agriculture biologique déclarent choisir le logo AB pour des questions d'éthique, de santé et d'aversion aux contaminants. En France, la loi Egalim de fin 2018 fixe dans son article 24 des objectifs concernant l'augmentation de leur consommation, et les « plans de filières » proposés par les acteurs professionnels à la suite des États généraux de l'alimentation présentent également des objectifs d'accroissement de la production.

Leroux *et al.* (2009) ont décrit les principes réglementaires de l'élevage en agriculture biologique en Europe. Bien que les règlements (n° 834/2007 et n° 889/2008) fassent office de cahier des charges, il existe des disparités et des spécificités nationales, voire régionales, dans l'application de la réglementation européenne. En France, un guide de lecture officiel publié par l'INAO vise à éviter les différences de lecture entre les acteurs du secteur, notamment les certificateurs. Pour autant, cet outil n'est pas commun à tous les États membres. L'Allemagne, l'Italie, les régions en Belgique, etc., complètent les règlements européens. Aucun organisme ne recense les décrets nationaux ou régionaux d'application de l'agriculture biologique européenne. Des éléments sont rassemblés par les filières et instituts techniques, mais ils ne sont pas étudiés dans la bibliographie scientifique. Les différences peuvent relever de définitions (définition d'une souche à croissance lente, d'une « région »), d'interprétations (densité calculée avec ou sans volière, délai d'attente après administration d'un médicament vétérinaire…) et d'autorisations de dérogation (pâturage ou herbe fauchée, etc.). À titre d'exemple, l'âge à l'abattage d'un poulet de chair bio est au minimum de 81 jours en France, calé sur la réglementation du Label rouge volailles, alors qu'il est de 70 jours dans le règlement européen. Ces disparités, qui ont des effets majeurs sur la qualité, compliquent la comparaison des résultats entre travaux européens.

Par ailleurs, si la réglementation européenne sur l'agriculture biologique est détaillée quant aux pratiques d'élevage, la transformation n'est guère approfondie : la fabrication des aliments AB doit passer par « des méthodes de transformation garantissant le maintien de l'intégrité biologique et des qualités essentielles du produit, à tous les stades de la chaîne de production ». La transformation en AB se fonde sur l'autorisation de substances et procédés naturels et sur l'exclusion de ceux non respectueux du produit biologique. Cependant, à part l'interdiction en AB de l'usage d'OGM et de l'ionisation des aliments, tous les autres traitements peuvent être identiques à ceux mis en œuvre pour les produits issus de l'agriculture conventionnelle. Comme pour l'élevage, les interprétations des règlements européens varient. La résine échangeuse d'ions utilisée dans le traitement du lait (auxiliaire technologique) est ainsi interdite en France, contrairement à d'autres pays européens. De fait, les résines échangeuses d'ions sont une technologie essentiellement chimique, alors qu'en AB la préférence doit être donnée aux méthodes biologiques, mécaniques et physiques.

En 2018 et 2020, l'UE a adopté deux nouveaux règlements (Union européenne, 2018 ; 2020) qui modifient plusieurs points techniques pour les animaux :
• afin d'accroître le lien au sol, le pourcentage de l'alimentation des bovins, ovins, caprins provenant de l'exploitation passera de 60 % à 70 % à partir de 2023, quand celle des porcs et des volailles devra atteindre 30 % à partir de janvier 2021 au lieu de 20 % actuellement ;
• les contrôles seront espacés (tous les deux ans au lieu d'un an s'il n'y a pas de non-conformité constatée) ;
• la certification peut être attribuée à un groupe d'exploitations ;
• et la cuniculture est intégrée dans le nouveau règlement.

Il est difficile d'anticiper les effets de cette révision, dont les modalités d'application doivent encore être négociées. Deux points en particulier suscitent des débats : la taille maximale des élevages (notamment en aviculture) et l'épandage des effluents (manque de définition des effluents industriels).

▌ Variabilité de la qualité des produits bio

La plus grande variabilité de la qualité des produits bio par rapport à celle des produits conventionnels s'explique par une sélection animale moins poussée (volailles de chair), une plus grande variabilité dans les conditions d'élevage (habitat, ressources alimentaires et conditions climatiques) et un moindre recours aux intrants (aliments concentrés, acides aminés et vitamines de synthèse, médicaments), à la fois pour les ruminants et les monogastriques. Les conséquences de cette plus grande variabilité sur l'adaptation des procédés de transformation et de conservation (y compris emballages) ne sont pas abordées dans la littérature scientifique.

▋ Premières méta-analyses sur les laits et viandes issues de l'agriculture biologique

On observe une grande hétérogénéité dans les résultats des études comparant les produits bio à ceux issus de l'agriculture conventionnelle, due à la grande diversité des pratiques d'élevage, à la fois en agriculture biologique et conventionnelle. Les produits issus de systèmes d'élevage bio extensifs sont souvent comparés à des produits issus de systèmes d'élevage conventionnels intensifs, alors que les réalités peuvent être plus nuancées. La diversité des facteurs déterminant la qualité des produits (l'alimentation, l'origine génétique, l'âge de l'animal, son état d'engraissement, etc.) ne permet pas toujours d'imputer les résultats au mode de production *stricto sensu*. Ceci rend les conclusions difficiles et renforce la nécessité de méta-analyses basées sur un grand nombre d'études.

Travaux pionniers en la matière, deux méta-analyses récentes comparent les propriétés nutritionnelles du lait et des viandes bio par rapport aux produits issus de l'agriculture conventionnelle (Srednika-Tober *et al.*, 2016a et b). Concernant les viandes fraîches, l'analyse conclut à une plus forte proportion d'AGPI (dont les oméga-3) et à une plus faible proportion d'AGS (C14:0 et C16:0). Les raisons avancées sont une proportion plus élevée de fourrages, et notamment d'herbe pâturée, dans la ration, ainsi qu'une proportion plus élevée de légumineuses dans les prairies. Un biais pourrait provenir de la différence dans la teneur en lipides, les viandes bio étant moins riches en lipides que les viandes conventionnelles.

L'analyse pour le lait se fonde sur beaucoup plus d'études que pour les viandes et est donc plus robuste. Elle conclut que le lait bio a une composition plus riche en oméga-3 (ALA et oméga-3 à longue chaîne) et CLA, avec des rapports oméga-6/oméga-3 et LA/ALA moindres. Il est également plus riche en vitamine E. Les études sources présentent cependant des résultats hétérogènes qui s'expliquent par la grande diversité des pratiques d'élevage à la fois dans les systèmes biologiques et dans les systèmes conventionnels. Par ailleurs, la composition en AG et vitamines du lait dépendant en premier lieu de l'alimentation des animaux, les différences entre laits AB et conventionnel étant moindres si le lait conventionnel est issu d'un système herbager extensif.

La synthèse de l'expertise récapitule sous forme de tableaux les connaissances sur la qualité des produits d'origine animale certifiés biologiques[20].

Pour les propriétés sanitaires, les études quantifiant l'équilibre entre les effets positifs et négatifs manquent. Ainsi, le bio réduit les risques de résidus médicamenteux et

---

20. Voir tableaux 5.3 et 5.4 (p. 83-85), *Synthèse de l'expertise scientifique collective. Qualité des aliments d'origine animale selon les conditions de production et de transformation*, https://www.inrae.fr/sites/default/files/pdf/ESCo_Synth%C3%A8se_FINAL.pdf (consulté le 29/12/2020).

d'antibiorésistance, mais le plein air et la durée d'élevage plus longue des animaux augmentent le risque de bioaccumulation de contaminants environnementaux dans le lait, les œufs et les viandes. Les effets sur les propriétés d'image sont difficiles à généraliser, car ils varient selon le critère considéré (bien-être animal, émissions de GES, surfaces nécessaires) et l'espèce animale. Quelques études épidémiologiques, qui ont comparé grands et petits consommateurs de produits biologiques, concluent sur des bénéfices sanitaires et nutritionnels d'une alimentation biologique (Baudry *et al.*, 2019). L'interdiction d'employer des pesticides de synthèse en agriculture biologique pourrait expliquer ce résultat. Néanmoins, les études sont encore peu nombreuses pour affirmer un niveau de preuve convaincant.

Stratégies de développement des filières sous SIQO

LES FILIÈRES D'ALIMENTS CERTIFIÉS PAR UN SIQO ont développé des stratégies hétérogènes allant d'une production de niche à une production de masse, y compris au sein d'un même signe.

La forte croissance de la consommation de produits issus de l'agriculture biologique interroge l'organisation du changement d'échelle de leur production et transformation. Cette expansion a fait l'objet de prospectives au cours des dernières années. Le développement de l'AB s'accompagnant d'une « végétalisation » de l'alimentation, la place de l'élevage bio n'est pas facile à prédire. Néanmoins, certains acteurs s'inquiètent d'une « conventionnalisation » de l'agriculture biologique qui tend à rapprocher certaines de ses pratiques de celles des secteurs agricole et agroalimentaire conventionnels (plus grande standardisation des produits, vente en grandes et moyennes surfaces, etc.). La question de l'intensification des systèmes d'élevage biologique, actuellement peu étudiée, se pose donc.

Pour les autres produits sous SIQO, la question du changement d'échelle se pose aussi. L'augmentation de la demande en produits bio interroge la capacité d'approvisionnement à la fois en aliments bio et en fourrages locaux. En France, la viande bio fraîche et transformée provient à 97 % du territoire national. L'exemple du Camembert de Normandie AOP illustre la tension entre les engagements du cahier des charges et la volonté d'expansion de certains acteurs. En l'occurrence, l'obligation d'utiliser du lait cru et de privilégier la race Normande font l'objet d'âpres négociations entre opérateurs, la pasteurisation du lait symbolisant ce qui s'approcherait d'une « conventionnalisation » de l'AOP.

Les fromages italiens AOP Grana Padano et AOP Parmigiano Reggiano sont des productions de masse. Ils sont respectivement les 1er et 2e fromages AOP européens en quantité, avec 157 000 et 130 000 t/an. Ces deux fromages de vache sont similaires dans leurs méthodes d'élaboration : fromage à pâte dure présentant des propriétés organoleptiques proches. Leurs cahiers des charges se distinguent par l'interdiction de tous les types d'ensilage et par une restriction sur la nature des concentrés (pas de soja notamment) pour le Parmigiano Reggiano. Le fourrage de base est le foin avec une large part de foin de luzerne. Les contraintes supplémentaires du cahier des charges du Parmigiano Reggiano sont compensées par un prix du lait payé au producteur plus élevé d'environ 60 % par rapport à celui du lait en AOP Grana Padano. Il faut noter qu'il existe au sein de l'AOP Parmesan une classification supplémentaire mettant en avant des produits encore plus différenciés, qualifiés de « premium » ou « réserve ».

Le jambon sec espagnol correspond également à un produit sous SIQO renommé et vendu en masse. Lui aussi dispose de nombreuses catégories de produits au sein d'une même appellation. On observe cependant une certaine confusion : il y a cinq AOP de jambons secs enregistrées en Espagne, la mention facultative « ibérique » (qui porte sur la race Iberico) pouvant y être ajoutée. Une classification supplémentaire met en avant le mode de finition des animaux ; les porcs de race 100 % ibérique finis aux glands (*bellota* en espagnol) sont ainsi les seuls pouvant être dénommés « *pata negra* ». Par ailleurs, il existe aussi des porcs croisés Iberico x Duroc finis aux glands, soit en plein air (*cebo de campo*), soit en bâtiment (représentant 60 % des jambons ibériques). Cette segmentation complexe est rendue d'autant plus confuse qu'il existe par ailleurs une STG de jambon sec espagnol, le Serrano (montagne en espagnol), dont seule la recette est certifiée, et non l'approvisionnement en matière première. La production du Serrano est très industrialisée. Or les logos AOP, IGP et STG se ressemblent visuellement. Les volumes commercialisés de jambon Serrano STG (19 millions de pièces en 2017) sont très nettement supérieurs à ceux des jambons AOP ibériques (0,2 million de pièces). Les contraintes de production étant nettement moindres pour le jambon Serrano STG, le prix est aussi bien moindre.

La STG « lait de foin » dédiée à l'élevage laitier à l'herbe est un exemple de SIQO envisagé comme outil pour encourager l'expansion d'une production favorable à l'environnement grâce à une reconnaissance de la qualité de ses produits. Historiquement implanté en Autriche (où le lait de foin, ou « Heumilch », représente 15 % du volume de lait commercialisé) et en Allemagne, le lait de foin a été enregistré par l'UE en 2016 en tant que STG. La reconnaissance européenne a permis d'étendre le label à d'autres territoires, notamment en France et en Belgique wallonne. La communication autour de ce SIQO repose sur les propriétés sanitaires, organoleptiques, nutritionnelles incluses dans le cahier des charges et sur l'image : bénéfices pour l'environnement, bien-être animal et développement rural. Les propriétés technologiques du lait de foin sont également évoquées au travers du rendement fromager, résultant du rapport taux protéique/taux butyreux, annoncé meilleur pour le lait de foin. La reconnaissance de la STG inclut la valorisation des produits transformés, comme le fromage ou le beurre.

Ces exemples montrent la latitude offerte par les cahiers des charges des produits sous SIQO pour soutenir le développement de ces filières. Toutefois, on voit bien que la stratégie de sur-segmenter les produits au sein d'un SIQO entre les produits « non premium » et « premium » introduit un doute quant au positionnement des cahiers des charges « non premium ».

6. Contrôler la qualité des aliments

LA MESURE ET LE CONTRÔLE DES PROPRIÉTÉS DES ALIMENTS D'ORIGINE ANIMALE sont d'autant plus importants que la perception du risque par les consommateurs est aiguë. L'authentification des conditions d'élevage et de transformation ainsi que de l'origine apporte des garanties. Les approches multicritères qui cherchent à combiner les différents objectifs des acteurs et à optimiser ou négocier les compromis entre les propriétés des aliments sont encore trop partielles.

Gestion du risque et de l'information

LES CRISES SANITAIRES de la fin du XXe siècle ont fait de l'analyse des risques sanitaires un des principes généraux du rapport à l'alimentation et ont placé ces risques au cœur de la législation alimentaire européenne. Le consommateur perçoit le risque du point de vue du rapport bénéfices/risques, tandis que le scientifique analyse les conséquences négatives de la prise de risque (exposition et danger).

▌ Prévention des risques sanitaires et leur caractérisation

Le législateur garantit à la fois le respect des intérêts économiques et de libre circulation des aliments d'une part, et leur caractère sûr et sain d'autre part. « La libre circulation de denrées alimentaires sûres et saines constitue un aspect essentiel du marché intérieur et contribue de façon notable à la santé et au bien-être des citoyens, ainsi qu'à leurs intérêts économiques et sociaux » (Union européenne, 2002). L'hygiène des denrées alimentaires est déclinée pour les produits animaux dans le règlement n° 853/2004 (Commission européenne, 2004). La prévention des risques passe par l'équilibre, le compromis, à instaurer entre les garanties sanitaires et marchandes.

L'analyse des risques englobe leur évaluation, leur gestion et leur communication. L'évaluation des risques se distingue de leur gestion. La première vise à caractériser les dangers et les risques liés à l'alimentation et fournit un avis scientifique argumenté, mais non contraignant. La seconde se traduit par une production législative et réglementaire au niveau de l'UE et des États membres. Elle « consiste à mettre en balance les différentes politiques possibles, en consultation avec les parties intéressées, à prendre en compte l'évaluation des risques et d'autres facteurs légitimes, et, au besoin, à choisir les mesures de prévention et de contrôle appropriées » (art. 3, règlement 178/2002). Les risques peuvent être certains ou connus, par exemple une contamination par *E. coli* STEC, imposant alors l'application du principe de prévention. Les risques peuvent aussi être incertains ou suspectés, et c'est alors le principe de précaution qui s'applique. Dans le cadre de l'expertise, ce pourrait être le cas des risques sanitaires liés au nitrite ajouté dans les charcuteries. La gestion du risque, qu'il soit certain ou incertain, prend des formes graduelles : informer les consommateurs, fixer des doses d'emploi, suspendre les usages.

▌ Informations obligatoires et volontaires

L'information du consommateur est un outil de maîtrise des risques. La littérature montre cependant la limite de cet outil, car le comportement des consommateurs résulte d'arbitrages complexes qui vont bien au-delà d'une réception rationnelle des informations.

La précédente expertise INRAE sur les rôles, impacts et services issus des élevages en Europe (Dumont *et al.*, 2016) a, en 2016, détaillé les informations prescrites concernant les produits d'origine animale. Néanmoins, certains aspects peuvent être actualisés, comme les dénominations, l'origine et d'autres informations facultatives.

L'extension de l'obligation d'indication de l'origine des produits bruts d'origine animale aux aliments transformés à base de viandes et laits fait débat. En France, depuis 2016, un décret (Légifrance, 2016) impose d'indiquer, dans les denrées préemballées, l'origine du lait à partir du moment où il représente 50 % des ingrédients, et l'origine des viandes à partir d'un seuil de 8 %. En 2018, le groupe laitier Lactalis a demandé l'annulation de ce décret applicable pour une période « test » jusqu'en 2021. La Cour de justice de l'Union européenne (CJCE) ne s'est pas encore prononcée. L'argument avancé tient à la difficulté de contrôler le respect de cette provenance dans les aliments composites.

La dénomination d'un produit est aussi sujette à contentieux. Par le passé, la Cour de justice européenne a dû trancher de nombreux cas d'usage de dénominations à consonance animale, telles que « lait » ou « produit carné » concernant des produits non entièrement d'origine animale. Le règlement INCO (Union européenne, 2004) clarifie les règles pour les viandes ou poissons reconstitués ou pour l'ajout d'eau d'un poids supérieur à 5 % du produit fini. En 2020, le législateur est venu limiter formellement l'usage des termes comme « steak » ou « fromage » pour des substituts végétaux[21].

L'information sert divers intérêts du consommateur. L'article 3 du règlement de référence en la matière, dit « règlement INCO », précise ainsi que « l'information sur les denrées alimentaires tend à un niveau élevé de protection de la santé et des intérêts des consommateurs, en fournissant au consommateur final les bases à partir desquelles il peut décider en toute connaissance de cause et utiliser les denrées alimentaires en toute sécurité, dans le respect, notamment, de considérations sanitaires, économiques, écologiques, sociales et éthiques ». L'information procurée aux consommateurs va donc au-delà des aspects sécuritaires. Ces informations peuvent porter sur la qualité nutritionnelle (logo Nutri-Score, par exemple), sur l'éthique (pratique ou commerce équitable, bien-être animal), sur l'environnement (empreinte carbone, kilomètres parcourus par le produit,

---

21. Voir : https://www.legifrance.gouv.fr/affichTexte.do?cidTexte=JORFTEXT000041982762&dateTexte=&categorieLien=id (consulté le 29/12/2020).

etc.). On peut noter qu'une récente décision de la Cour de justice européenne n'a pas autorisé l'apposition du logo AB sur les produits issus d'animaux ayant fait l'objet d'un abattage rituel, sans étourdissement préalable.

Contrôles, traçabilité et aspects juridiques

LES DISPOSITIONS LÉGISLATIVES ET RÉGLEMENTAIRES font l'objet de contrôles confiés à des autorités dont l'organisation en France est très complexe, comme le montre le tableau 6.1. Coordonnés par différentes directions de l'administration centrale, les contrôles sont assurés sur tout le territoire par des administrations déconcentrées en plusieurs niveaux (national, régional, départemental).

Tableau 6.1. Répartition des types de contrôles selon l'acteur concerné, indiqué par une croix.

Objet des contrôles	DGAL	DGCCRF	DGS	INAO
Importations	X	X		
Distribution des produits vétérinaires	X		X	
Alimentation animale	X	X		
Production primaire animale	X			
Sécurité sanitaire des denrées alimentaires	X	X	X	
Qualité des produits et loyauté des transactions		X		
Produits sous SIQO		X		X

DGAL : Direction générale de l'alimentation ; DGCCRF : Direction générale de la concurrence, de la consommation et de la répression des fraudes ; DGS : Direction générale de la santé ; INAO : Institut national de l'origine et de la qualité.

La libéralisation du commerce en Europe et à l'international peut par ailleurs inciter à augmenter les contrôles aux frontières afin de vérifier que l'application d'une règle ne conduit pas à porter une atteinte disproportionnée à un droit garanti par ailleurs. Les traités de libre-échange avec des pays hors-Europe (CETA, Mercosur) accroissent, potentiellement, les risques de fraudes, du fait de cadres réglementaires différents. Par exemple, l'utilisation en élevage d'hormones ou d'antibiotiques comme promoteurs de croissance, le rinçage des carcasses de poulets avec des solutions chlorées, l'irradiation des produits alimentaires sont autorisés au Canada et aux États-Unis, mais pas en Europe.

L'INAO orchestre les contrôles des produits sous SIQO. L'objectif est avant tout de protéger le produit et son image de fraudes potentielles, et de garantir aux consommateurs le respect des engagements. Les plans de contrôle diffèrent entre l'AB et les autres SIQO.

Le contrôle avant la mise sur le marché dans le cadre de l'AB correspond à une certification par une tierce partie (organisme certificateur). Les SIQO hors AB sont, eux, soumis à un système de contrôles externes par les organismes certificateurs (OCO), de contrôles internes par les organismes de défense et de gestion (ODG) et de contrôles par les opérateurs eux-mêmes. Les filières AOP et Label rouge incluent des tests sensoriels dans leurs plans de contrôle.

En cas de constatation de non-conformité, les agents disposent de pouvoirs leur permettant de réagir de manière proportionnée : avertissement envoyé à l'exploitant l'aidant à identifier et à corriger les non-conformités, ou le contraignant par des requêtes de mises en conformité (comme le nettoyage ou la rénovation d'un atelier) ou de destruction, de retrait, de rappel ou de consigne d'un produit. Dans les cas les plus graves, des sanctions pénales sont prévues sous forme d'amendes (jusqu'à 750 000 euros et portées de manière proportionnée à 10 % du chiffre d'affaires annuel pour les personnes morales) et de peines d'emprisonnement (jusqu'à 7 ans).

Les crises sanitaires, particulièrement celle dite « de la vache folle » dans les années 1990-2000, ont conduit à élargir les intérêts de garantir la traçabilité des aliments. La traçabilité est définie dans la législation européenne (Union européenne, 2002 ; 2004) comme « la capacité de retracer, à travers toutes les étapes de la production, de la transformation et de la distribution, le cheminement d'une denrée alimentaire, d'un aliment pour animaux, d'un animal producteur de denrées alimentaires ou d'une substance destinée à être incorporée ou susceptible d'être incorporée dans une denrée alimentaire ou un aliment pour animaux ». La traçabilité peut être descendante (du début de la production jusqu'à la commercialisation) ou remontante (retrouver tous les opérateurs jusqu'au premier). Elle est demandée par les consommateurs et par les producteurs de produits sous SIQO. Elle ne permet néanmoins pas de contrôler le respect de l'ensemble des engagements pris dans les cahiers des charges. Le recours à des méthodes analytiques d'authentification peut être nécessaire. Les nouvelles technologies du numérique offrent par ailleurs de nouvelles possibilités de certifier les modes de production en temps réel.

Authentification de l'origine et des conditions d'élaboration du produit

LE CARACTÈRE MONDIALISÉ DU COMMERCE DES PRODUITS ANIMAUX, la complexité de la chaîne alimentaire, les demandes des consommateurs pour plus d'informations et les risques de fraudes renforcent l'importance des questions d'authentification de l'origine des produits et des procédés de production et de transformation. La croissance exponentielle des publications sur ce sujet en atteste (Danezis *et al.*, 2016). Un pan de cette littérature traite particulièrement des produits issus d'animaux alimentés à l'herbe (Prache *et al.*, 2020b), car ces produits constituent un créneau commercial en Europe et aux États-Unis. Les analyses d'authentification permettent de contrôler et de garantir le respect des allégations des produits. Les techniques de contrôle de la non-adultération de l'espèce animale sont d'ores et déjà utilisées par les services de répression des fraudes pour vérifier, par exemple, l'incorporation frauduleuse de viande ou de lait d'une espèce animale dans un produit carné ou laitier.

Le tableau de l'annexe IV résume les principales méthodes développées selon l'objet de l'authentification (conditions d'élevage, mode de production, adultération, origine, etc.) et selon le type de produit. Il est ainsi possible de discriminer certains types d'alimentation ou d'origine contrastés, en utilisant des méthodes analytiques quantifiant des composés spécifiques, ou des méthodes plus globales fondées notamment sur les propriétés optiques des produits. Ces méthodes sont de coût et de facilité d'utilisation variables. Les méthodes globales, en particulier celles basées sur les propriétés optiques des produits, présentent l'intérêt de ne pas nécessiter le recours à des produits chimiques et de ne pas produire de déchet. Certaines d'entre elles pourraient rapidement être utilisées en routine sur un nombre important d'échantillons (exploitation des spectres moyen infrarouge sur le lait par exemple) ou grâce au développement récent d'appareils de mesure portables (spectrométrie proche infrarouge, ou SPIR, par exemple). D'autres méthodes, telles que l'analyse des composés volatils ou phénoliques, sont beaucoup plus coûteuses et difficiles à mettre en œuvre, mais utilisées car leur efficacité peut dissuader les fraudeurs. Il est envisageable d'utiliser ces méthodes par « paliers » ou « étapes », les plus faciles d'utilisation en premier ressort (premier tri), les plus coûteuses en dernier recours (par exemple, pour parfaire la discrimination sur des échantillons encore incertains).

Il est clair que l'analyse d'un seul composé est très souvent insuffisante et que des analyses statistiques multivariées combinant plusieurs marqueurs sont nécessaires, notamment en cas d'alternances dans la ration alimentaire des animaux. La détermination des conditions d'alimentation et de l'origine géographique des animaux dont sont issus les produits se heurte par ailleurs à certaines difficultés inhérentes à l'activité d'élevage : possibles déplacements, possibles consommations d'aliments de différentes sources et origines géographiques au cours de la vie de l'animal. L'analyse de tissus qui ont une « croissance incrémentale » (poils, laine, sabots par exemple), s'ils sont disponibles sur la carcasse, peut alors être mise à profit pour mieux caractériser l'historique des conditions d'alimentation et l'origine géographique.

Les exemples cités dans cette section montrent comment différentes techniques analytiques peuvent être utilisées pour discriminer, sur le produit, les processus utilisés au cours de la chaîne de production et de transformation alimentaire. Les travaux réalisés jusqu'à présent ont, cependant, pour beaucoup été de type « preuve de concept ». Autrement dit, les expériences se sont appuyées sur des situations initiales très contrastées afin de tester des méthodes et les améliorer. Sur le terrain, les systèmes agroalimentaires présentent souvent des caractéristiques moins contrastées. Il est donc désormais nécessaire de tester la fiabilité de ces méthodes en conditions de production, et de développer des bases de données plus importantes pour gagner en généricité et en robustesse.

Indicateurs et méthodes de mesure de la qualité

L'ANNEXE V DÉTAILLE LES PRINCIPALES MÉTHODES DE MESURE DE LA QUALITÉ des aliments d'origine animale. Leur éventail est large et en constante évolution, avec l'objectif d'affiner le résultat, de réduire le temps ou le coût d'analyse, d'utiliser des approches moins invasives, ou de qualifier des carcasses, pièces ou produits bruts rapidement après abattage ou collecte, et d'optimiser leurs caractéristiques intrinsèques. Ces outils et travaux pourraient aussi permettre de mieux gérer la variabilité des produits bruts en orientant le produit brut vers différents segments de marché ou la matière première vers différents procédés de transformation.

Différentes démarches sont menées au sein des principales filières de production animales pour développer des outils prédictifs basés sur différents types de marqueurs biologiques (génomiques ou phénotypiques) ou physiques (spectroscopiques), ou sur des équations développées à partir de bases de données reliant, par exemple, les propriétés organoleptiques des viandes avec certaines caractéristiques des animaux, des carcasses et des viandes.

Approches multicritères et compromis

L'ANALYSE MULTICRITÈRE a pour objectif d'aider un décideur à faire un choix dans un environnement multidimensionnel, en se fondant sur un processus de décision recherchant la meilleure solution ou le meilleur compromis selon ses préférences. De nombreuses méthodes ont été développées grâce à des algorithmes. Elles peuvent être regroupées en deux catégories : les méthodes *a priori* lorsque les préférences peuvent être anticipées et les méthodes *a posteriori* pour les situations plus complexes. Les indicateurs de durabilité sont environnementaux, économiques et sociaux. Pour les aliments, ces indicateurs renvoient aussi aux propriétés nutritionnelles et sanitaires, lesquelles sont généralement moins bien renseignées (tableau 6.2).

Quelques études proposent des approches multicritères appliquées aux produits d'origine animale. Ont été retenus quatre exemples de travaux qui combinent des critères environnementaux avec les propriétés constitutives de la qualité des produits (nutritionnelles, sanitaires, organoleptiques, etc.).

▌ Recherches pour une alimentation « saine et durable »

À l'échelle de la planète, les travaux scientifiques concluent généralement que pour les animaux, ce sont les bovins viande et lait qui contribuent le plus aux émissions de gaz à effet de serre (GES) avant les animaux granivores, comme les porcs et les volailles. Néanmoins, ces résultats dépendent beaucoup des critères et de l'unité fonctionnelle choisie, qui est généralement le kilo produit ou l'hectare dans les travaux portant sur l'impact environnemental. L'unité fonctionnelle nutritionnelle (UFN) correspond, elle, à la contribution de 100 g d'aliment à la couverture, sans excès, des besoins quotidiens en énergie et en nutriments pour l'être humain. De manière plus générale, il a été montré que plus l'aliment présente une fonction nutritionnelle élevée, plus son impact environnemental est réduit. Ainsi, lorsque l'impact d'émission de GES est exprimé par rapport au service nutritionnel rendu par l'aliment (en UFN), le lait et les produits laitiers affichent un impact plus fort que les viandes et les œufs en raison de leur densité nutritionnelle plus faible et de leur taux d'acides gras saturés élevé, et non plus l'ordre viande › œuf › produit laitier généralement admis dans les travaux sur l'impact climatique. Une autre étude propose de prendre en compte la qualité nutritionnelle du produit en remplaçant l'indicateur d'émissions de GES pour 100 g de produit par celui d'émissions de GES par gramme de nutriments contenus dans 100 g de produit ; ce changement d'unité modifie le classement des systèmes d'élevage bovins allaitants, les systèmes herbagers étant moins bien classés avec le premier indicateur, mais mieux classés avec le second (McAuliffe *et al.*, 2018).

Ce constat a été confirmé et approfondi par une étude récente de Clark *et al.* (2019) sur les émissions de GES, l'utilisation des terres et de l'eau, l'acidification et l'eutrophisation. Elle conclut, d'une part, que les aliments associés aux impacts environnementaux les plus négatifs sont systématiquement associés aux augmentations les plus importantes du risque de maladie chez l'être humain adulte, et, d'autre part, que les aliments associés à une amélioration nette de la santé présentent les impacts environnementaux les plus faibles (à l'exception du poisson, qui présente, néanmoins, des impacts environnementaux plus faibles que les viandes rouges). Autrement dit, les transitions alimentaires conduisant à une consommation accrue d'aliments plus sains améliorent la durabilité environnementale.

▌ Qualité du lait et performance environnementale

Toutes les études scientifiques s'accordent sur le fait que l'impact environnemental le plus élevé est généré par l'étape de production du lait à la ferme, notamment à cause des émissions de GES. Une étude originale conduite sur un échantillon d'exploitations laitières françaises a cherché à intégrer la performance environnementale et la qualité du lait (Madoumier, 2016), afin d'identifier les itinéraires techniques ou les exploitations présentant les meilleurs compromis environnement/qualité. La notation finale comprend une note environnementale basée sur une analyse de cycle de vie (ACV) et une note sur la qualité du lait intégrant les propriétés organoleptiques, technologiques et nutritionnelles. Aucune corrélation n'a été mise en évidence entre la performance environnementale et la qualité du lait.

L'impact environnemental de la transformation du lait est loin d'être neutre, surtout quand on considère les consommations d'énergie et d'eau. Les différences d'impact selon le type de produit fini s'expliquent, en grande partie, par les quantités de lait différentes pour chaque fabrication et par les choix d'allocation (notamment économiques) effectués. Des travaux méthodologiques encore pionniers explorent des itinéraires d'écoconception

Tableau 6.2. Définitions des différents types d'indicateurs et leur utilisation.

Dimension	Composante	Indicateur et méthodologie	Utilisation
Environnementale	Émissions de GES, acidification, eutrophisation, couche d'ozone, utilisation de terres, pollution des eaux de surface	La méthodologie la plus connue : l'ACV (analyse du cycle de vie)	Très développé et bien appliqué, y compris en lien avec la production et la transformation alimentaire
Économique	Calcul de coûts/bénéfices et valeur monétaire Valorisation de territoires	Ex. : taux de rentabilité interne, temps de retour sur investissement…	Développé, mais les méthodes intégrales sont peu utilisées (besoin de bases de données trop complètes)
Sociale	Création d'emplois, savoir-faire, préservation du patrimoine (races, produits, recettes…) Sécurité alimentaire Génération de nuisances Qualité au travail	Concept d'ACV sociale	Très peu développé
Nutritionnelle	Composition et intérêt nutritionnel du produit alimentaire	Indicateur SAIN-LIM (effet favorable ou non de la composition d'un aliment sur la santé humaine)	Évalue les effets des aliments considérés souvent individuellement
Sanitaire	Sécurité microbiologique et chimique du produit alimentaire	Direct (nombre de cas de maladie), indirect (teneur en microorganismes et contaminants) DALY	Rarement pris en compte car quantification difficile, mais quelques publications récentes existent

visant un compromis entre impacts environnementaux et rentabilité économique, spécialement sur les procédés d'évaporation du lait écrémé, un procédé particulièrement énergivore (Botreau *et al.*, 2017). Ces travaux pointent un manque de connaissances des impacts des procédés (y compris ceux liés aux effluents et aux emballages) sur les caractéristiques du produit alimentaire (et *vice versa*), et un manque de modèles pour simuler les différentes étapes du procédé (évaporation, nettoyage).

▌ Optimisation des procédés pour les produits à base de viande et de poisson

De nombreuses études récentes analysent, avec une approche multicritère, l'évolution des propriétés technologiques, organoleptiques, sanitaires (sécurité chimique) ou nutritionnelles des produits selon différents procédés de chauffage/cuisson. Quelques travaux s'intéressent à l'optimisation multicritère de la durabilité des procédés en lien avec la qualité des produits. Cette démarche a par exemple permis de concevoir un procédé innovant de fumage à chaud de poissons (par plaque radiante) optimisant conjointement la qualité des produits, les performances énergétiques et les performances de production (Raffray, 2014 ; Raffray *et al.*, 2015).

L'emballage fait aussi l'objet de recherches sur le compromis entre conservation du produit (propriétés sanitaires et d'usage) et impact environnemental. Concernant la conservation, une étude récente sur le jambon cuit (Duret *et al.*, 2019) a exploré les compromis entre la réduction de consommation énergétique liée à la chaîne du froid (transport, chambre froide et vitrine réfrigérée dans les supermarchés, transport par le consommateur et conservation au réfrigérateur domestique), l'augmentation du risque sanitaire et le gaspillage alimentaire. Par différentes méthodes, le meilleur compromis entre ces trois composantes était de régler la température du réfrigérateur domestique à 4 °C. Les approches proposées par cette étude ont ainsi démontré leur utilité dans l'aide à la décision pour évaluer l'impact global d'interventions aux objectifs antagonistes.

▌ Optimisation de la formulation d'un produit composite : la pizza

Qu'il s'agisse d'optimiser le coût d'une recette, le profil nutritionnel ou la durée de vie d'un aliment, ou de remplacer un additif, la reformulation d'aliments est au cœur des préoccupations des industriels. Le profilage nutritionnel est une méthode qui optimise les recettes sur la base des besoins nutritionnels des individus. Elle trouve ses limites lorsqu'il s'agit de prendre en compte d'autres dimensions, telles que l'impact environnemental ou les propriétés organoleptiques des produits.

Un travail original de cartographie multicritère a caractérisé la diversité de l'offre en pizza dans le but d'identifier des leviers de reformulation prenant en compte à la fois des critères nutritionnels (composition, etc.), environnementaux (ACV, rendement énergétique), technologiques (indice de *processing*), économiques (prix, volume de vente) et organoleptiques (analyse sensorielle par des panels ; Saint-Eve *et al.*, 2018). Les résultats de l'étude ont montré qu'en moyenne, les pizzas qui contiennent plus de produits d'origine animale sont plus chères, présentent de moins bonnes propriétés nutritionnelles et un plus fort impact environnemental que les pizzas proportionnellement plus riches en produits végétaux. Ce travail a montré que le degré de transformation des pizzas (indice de *processing*) était peu corrélé aux autres indicateurs. Il l'était négativement à la qualité nutritionnelle, notamment à la teneur en sel et à la densité calorique et au Nutri-Score. Sur la base des perceptions des consommateurs, les chercheurs ont par ailleurs cartographié les caractéristiques des pizzas les plus appréciées. La confrontation des deux résultats a permis de pointer les reformulations possibles des recettes pour améliorer les caractéristiques nutritionnelles et environnementales des produits, tout en conservant une bonne appréciation organoleptique.

Instruments pour agir sur les comportements alimentaires

LE PRINCIPE GÉNÉRAL DES POLITIQUES ALIMENTAIRES est d'orienter les choix des consommateurs, sans contraindre. Les analystes des comportements alimentaires distinguent deux registres : soit les interventions en appellent à notre réflexion (système dit « réfléchi »), soit elles agissent sur l'environnement d'achat et de consommation, en jouant sur nos automatismes (système dit « automatique »). Certains outils peuvent miser sur les deux effets, comme les *nudges* qui cherchent à modifier les comportements des individus par des « coups de pouce », plus ou moins explicites (Marchiori *et al.*, 2017). Sont ici résumés les principaux instruments mobilisables pour agir sur les comportements.

▌ Éducation et campagnes d'information

L'éducation et l'information sont deux piliers des politiques alimentaires, mais les évaluations constatent qu'elles sont insuffisantes pour changer les comportements les moins vertueux (Marchiori *et al.*, 2017). Ce sont en effet les consommateurs déjà les mieux informés qui sont le plus à l'écoute des conseils, car l'impact d'un message nutritionnel dépend de la connaissance préalable du sujet. Cette inadéquation des messages de santé publique envers les populations éloignées de l'éducation alimentaire, souvent également pauvres, est régulièrement dénoncée. Plusieurs analyses sociologiques mettent en avant l'importance de la durée de sensibilisation pour que des changements alimentaires s'opèrent durablement. Une revue de littérature (Murimi *et al.*, 2017) souligne par exemple que les programmes éducatifs nutritionnels longs (plus de cinq mois) sont plus efficaces. Les bifurcations dans les trajectoires de vie constituent par ailleurs des moments favorables pour le passage d'un style d'alimentation à un autre.

Plusieurs travaux analysent les leviers visant à réduire la consommation de viande. Les campagnes en faveur de jours sans viande (ProVeg International, 2011) sont des initiatives qui existent dans de nombreux pays. Une étude hollandaise (Hung *et al.*, 2019) classe ainsi les types de consommateurs selon le nombre de jours où le repas est « avec viande » et conclut que les messages « moins mais mieux » ou « moins mais varié » semblent agir plus efficacement que les « jours sans » qui peuvent être suivis de jours où la quantité mangée augmente. Une enquête australienne préconise de mettre en avant la santé et l'hédonisme (goût et plaisir à manger) plutôt que l'environnement, dont l'analyse des impacts est complexe et source de confusion.

▌ Étiquetage et applications numériques

Le dynamisme des initiatives sur l'étiquetage confirme la forte demande d'information et de transparence des consommateurs. Des travaux récents, comme ceux de Janssen *et al.* (2016), étudient les conditions de mise en œuvre d'un étiquetage sur le modèle de l'œuf pour d'autres produits animaux tels que le lait ou la viande. Ils montrent qu'en moyenne les consommateurs ont non seulement une attitude positive à l'égard de systèmes d'élevage plus respectueux du bien-être des animaux en leur offrant un accès extérieur et un espace suffisant, mais qu'ils sont disposés à payer un prix plus élevé pour les produits issus de tels systèmes.

Des concertations sont lancées sur l'affichage des modes d'élevage. Le Conseil national de l'alimentation a ainsi mobilisé un groupe de travail sur l'étiquetage du mode de production pour les filières animales. Des réflexions sont également en cours au niveau de l'Union européenne pour un système européen d'étiquetage sur le bien-être animal. Des initiatives ont déjà été proposées et appliquées pour la viande de volailles par l'Association Étiquette bien-être animal (AEBEA), qui regroupe des ONG de protection animale, des distributeurs et des producteurs de volailles. Cinq niveaux de bien-être animal sont renseignés, selon un gradient allant de A pour un élevage avec parcours arboré à E, niveau correspondant au minimum réglementaire des élevages en bâtiments. Cette association annonce un autre référentiel pour la viande de porc, puis pour d'autres filières animales. Cette initiative est en phase avec le souhait des consommateurs de plus de transparence sur les modes d'élevage des animaux.

La saturation d'information et les possibles confusions sont des problèmes étudiés de longue date en sociologie de l'alimentation, et qui soulignent la difficulté pour le consommateur de trier l'ensemble des informations disponibles, parfois contradictoires et issues de différentes sources. Cette confusion est surtout documentée pour les produits issus de l'AB, avec des travaux sur la double labellisation AB et une autre signalisation écologique (Dekhili *et al.*, 2013).

Le lancement du Nutri-Score semble initier une nouvelle étape avec des indicateurs nutritionnels synthétiques. Parallèlement à Nutri-Score, qui est actuellement le logo de référence, la création de bases de données participatives, telles qu'Open Food Facts, offre des grilles de lecture des étiquettes. Au travers d'une application en ligne (type Yuka, Kwalito, Siga, etc.), l'acheteur, en scannant le code-barres du produit, accède à différentes informations dont la liste des additifs. Ces applications orientent vers des produits généralement plus sains, mais avec des critères potentiellement plus marketing et pour certains non validés scientifiquement. Outre une vigilance quant à la fiabilité des conseils apportés aux consommateurs, ces applications posent la question du traitement des données personnelles et des comportements des consommateurs.

Des initiatives de différentes natures commerciales, comme « C'est qui le patron ? », cherchent à impliquer les consommateurs dans l'élaboration de la qualité d'un produit. Le principe est le suivant : les consommateurs votent en ligne pour les engagements qu'ils souhaitent voir pris par les acteurs de la chaîne agroalimentaire. À chaque engagement correspond un coût ; les coûts s'additionnent pour former le prix final. Par exemple, l'engagement « pâturage 3 à 6 mois dans l'année » implique un surcoût du lait fixé à 0,06 €/l. Une fois le cahier des charges validé, le produit est commercialisé. Après avoir été adoptée sur le lait, cette démarche a essaimé pour des pizzas, des œufs, des saucisses, du beurre, etc. *In fine*, les consommateurs s'engageant dans la rémunération des producteurs acquièrent ainsi une place dans les négociations commerciales entre producteurs et opérateurs de l'aval.

▍ Taxes et subventions

Outre l'information, les incitations économiques sont l'autre moyen d'influencer les comportements de consommation, en renchérissant le coût d'acquisition des aliments ou des ingrédients dont on souhaite réduire la consommation, ou en soutenant l'achat de ceux que l'on veut promouvoir. En donnant une valeur monétaire aux émissions de GES et autres impacts environnementaux, des travaux ont déterminé des niveaux de taxation sur la viande et mesuré leurs effets sur le déplacement des choix des consommateurs. Pour que l'effet soit important, il faut un niveau de taxe élevé. Cette stratégie comporte alors un risque de pénalisation des populations pauvres. Des études récentes tâchent d'y remédier, en s'intéressant aux effets redistributifs de ces taxes entre les différentes classes de ménages. Une abondante littérature étudie, par ailleurs, l'effet de taxations ou de subventions d'aliments sur la santé, mais peu de travaux portent spécifiquement sur les produits d'origine animale. L'étude de Springmann *et al.* (2018) teste les effets d'une taxe sur la viande de boucherie et la charcuterie sur la santé. Selon ce travail, les coûts liés à la santé, attribuables à la consommation de viande de boucherie et de charcuterie en 2018, s'élevaient à 285 milliards de dollars US à l'échelle mondiale, dont les trois quarts dus à la consommation de charcuterie. Les auteurs préconisent une taxation qui augmente en moyenne de 25 % le prix de la charcuterie (allant de 1 % dans les pays à faible revenu à plus de 100 % dans les pays à revenu élevé) et de 4 % les prix de la viande de boucherie (allant de 0,2 % à plus de 20 %). La modélisation de l'effet de ces taxes conduit à une baisse de la consommation de charcuterie de 16 % en moyenne (de 1 % à 25 %), tandis que la consommation de viande de boucherie augmenterait modérément de 4 % (0,2 % à plus de 20 % selon les régions du monde en fonction des tendances à l'œuvre).

▍ Influence du contexte d'achat et de consommation

D'autres actions cherchent à modifier l'environnement d'achat ou le contexte de consommation afin d'orienter les consommateurs vers des options préférables. Il peut s'agir des conditions d'accès à un produit : en raréfiant ses points de vente, on présume que l'effort supplémentaire pour se le procurer va modifier l'architecture des choix et détourner une partie des consommateurs ou réduire la fréquence de leurs achats. De même, le positionnement et l'exposition des produits dans les rayons d'un magasin, les étiquettes, l'emballage, le format, etc., influencent l'acte d'achat. Ces études montrent ainsi le rôle des distributeurs dans les comportements des consommateurs. On peut également jouer sur la taille des portions, entre autres les réduire, et sur la diversité de l'offre.

Conclusions : enseignements pour la recherche et l'action publique

La qualité d'un aliment est définie comme l'ensemble des propriétés et caractéristiques qui lui confèrent l'aptitude à satisfaire les besoins d'un utilisateur. Nous l'avons analysée à travers sept dimensions qui mettent en évidence les priorités des différents utilisateurs (producteurs, transformateurs, consommateurs) et les possibles antagonismes et synergies entre ces différentes dimensions. La qualité a ainsi été déclinée en propriétés organoleptiques, nutritionnelles, sanitaires, commerciales, technologiques, d'usage et d'image. Ces deux dernières recouvrent les dimensions éthiques, culturelles et environnementales associées à l'origine de l'aliment et à ses conditions de production et de transformation. Les propriétés d'usage renvoient, quant à elles, à la facilité de consommer l'aliment (économie de temps et d'efforts pour les consommateurs).

Prépondérance des propriétés commerciales

CETTE EXPERTISE FAIT UN CONSTAT DE PRIMAUTÉ accordée aux propriétés commerciales du produit, notamment pour les produits standards. Cette priorité, qui se traduit notamment dans les critères de paiement aux éleveurs, a fortement orienté la sélection génétique et les pratiques d'élevage. Elle a permis des gains considérables du taux de viande maigre dans les carcasses de porcs, du poids et du rendement en filet chez le poulet de chair, du poids de la carcasse chez les vaches de réforme. Cependant, ces gains ont souvent été obtenus au détriment d'autres propriétés. Un exemple emblématique est le poulet de chair standard, pour lequel la sélection sur la vitesse de croissance et le rendement en filet ont des conséquences délétères sur les propriétés organoleptiques, nutritionnelles, technologiques d'une majorité des filets mis sur le marché. Les animaux ont, eux, des difficultés à se mouvoir et présentent une forte prévalence de myopathies. La déstructuration des tissus musculaires oblige à recourir à des additifs et à valoriser cette viande à défauts dans des plats préparés. Des problèmes de déstructuration des muscles sont aussi observés chez le porc. Pour la viande bovine, la sélection a réduit le caractère persillé et juteux de la viande, et sa flaveur. Par ailleurs, cette orientation rend difficile l'adoption de pratiques plus agroécologiques et favorables aux propriétés nutritionnelles et d'image de la viande de ruminants, telles que la finition à l'herbe. Enfin, la spécialisation des animaux aboutit à des impasses, en excluant ou en dévalorisant une partie des animaux, comme les poussins mâles dans la filière poules pondeuses et les chevreaux et veaux mâles dans les filières laitières.

Des recherches s'intéressent à faire évoluer cette orientation en intégrant mieux d'autres propriétés constitutives de la qualité, dans le paiement aux éleveurs et l'information aux consommateurs. Mais elles se heurtent aux normes et jeux d'acteurs en cours, ces évolutions nécessiteraient une action publique en direction des normes et de l'organisation collective des filières. Par ailleurs, il y a besoin d'instruire des solutions permettant de maintenir dans la chaîne alimentaire tous les animaux et de développer de nouveaux débouchés. Il peut s'agir, par exemple au niveau des systèmes d'élevage, du retour à une certaine mixité dans les fonctions productives de l'animal, du croisement de races ou de souches, du développement de signes de qualité et/ou de circuits courts.

Construction ou altération de la qualité au cours de la fabrication

DE NOMBREUX FACTEURS INFLUENCENT CHACUNE DES PROPRIÉTÉS qui constituent la qualité, un même facteur pouvant jouer sur plusieurs de ces propriétés. La littérature est abondante, mais il y aurait besoin de méta-analyses pour gagner en robustesse dans l'évaluation des effets des facteurs déterminants.

Certaines étapes et certains facteurs sont majeurs pour l'octroi des propriétés qui constituent la qualité. C'est le cas de l'alimentation des animaux ; chez les herbivores, l'alimentation à l'herbe, par exemple, permet d'obtenir de manière naturelle des produits laitiers et carnés plus riches à la fois en AG oméga-3 et en antioxydants. Ces intérêts nutritionnels se doublent d'intérêts organoleptiques (flaveur plus intense, produits plus typés) et d'image (élevage à l'herbe).

D'autres étapes peuvent constituer un risque important d'altération de la qualité, comme celles de pré-abattage et d'abattage. L'abattage de proximité (abattoirs mobiles), pour limiter le stress des animaux, est en cours d'expérimentation, mais il a fait l'objet de peu de recherches. Il y a notamment besoin d'évaluer les risques associés (sanitaires, bien-être animal), de développer des procédures pour limiter ces risques et mieux gérer les coproduits et déchets produits par l'abattage.

D'autres étapes enfin peuvent être restauratrices de qualité, comme l'étape de finition des animaux producteurs de viande ou de chair, ou constituer des opportunités pour corriger des défauts, comme le hachage des pièces de viande riches en collagène.

Pour la viande, l'étape de transformation majeure est la cuisson. Elle est essentielle pour la maîtrise des dangers microbiologiques, le développement de la flaveur et une digestibilité accrue. Toutefois, des températures trop élevées ou des cuissons à la flamme peuvent compromettre les propriétés organoleptiques et nutritionnelles, voire sanitaires, à travers la formation de composés néoformés. Par ailleurs, certaines

formulations et procédés de transformation peuvent être délétères, comme pour les *nuggets* où l'on passe d'un produit riche en protéines et pauvre en lipides (filet) à un produit élaboré riche en lipides, sucres et sel.

À l'inverse, certaines étapes peuvent agir en synergie dans la construction de la qualité, comme c'est le cas des étapes de production et de transformation pour certains produits AOP. L'analyse des cahiers des charges du Label rouge gros bovins, signe qui s'engage sur une qualité supérieure, a permis de montrer comment ce SIQO construit la qualité : il mobilise des facteurs majeurs d'octroi de propriétés organoleptiques aux différentes étapes de la chaîne d'élaboration, depuis le choix du type d'animal jusqu'à la maturation de la viande. En corollaire, des tris successifs sont réalisés sur les animaux, les carcasses et les viandes qui peuvent être labellisables.

L'agriculture biologique, quant à elle, s'engage sur des pratiques qui ne nuisent ni à l'environnement, ni à la santé humaine, ni à la santé et au bien-être des animaux. On constate une grande hétérogénéité dans les résultats des études comparant la qualité des produits issus de l'agriculture biologique et conventionnelle, en lien avec la variabilité des pratiques d'élevage. Deux méta-analyses récentes, sur le lait de vache et sur les viandes, montrent des propriétés nutritionnelles supérieures pour les produits bio, liées à leur teneur supérieure en AGPI, notamment en oméga-3. Les résultats sont plus robustes pour le lait que pour les viandes, du fait du nombre d'études et des risques de biais liés aux différences de teneur en lipides dans les viandes. Quant aux propriétés sanitaires, l'agriculture biologique réduit le risque de résidus de traitements pesticides, de médicaments et d'antibiorésistance. Toutefois, l'accès au plein air et la durée d'élevage généralement plus longue augmentent l'exposition des animaux aux contaminants environnementaux et donc le risque de leur bioaccumulation dans les produits animaux. Quel que soit le mode d'élevage, cela plaide en faveur d'un diagnostic environnemental avant l'installation d'un élevage afin d'identifier les activités humaines émettrices ou ayant émis des contaminants à proximité, et incluant aussi les matériaux dans les bâtiments d'élevage. L'effet de l'agriculture biologique sur les propriétés d'image varie selon l'espèce animale et le critère considéré : bien-être animal, émissions de GES, utilisation de terres... Des études récentes proposent d'adjoindre un critère de qualité du produit, à travers par exemple sa teneur en oméga-3 : l'unité fonctionnelle d'émission de GES devient le kg eq. CO_2 GES/g d'oméga-3 produit, au lieu du kg eq. CO_2 GES/kg de produit. Cette prise en compte de la qualité favorise les produits aux propriétés nutritionnelles plus élevées. Enfin, la qualité des produits bio est en général plus variable que celle des produits conventionnels, ce qui s'explique par une moindre sélection (poulet de chair), une plus faible utilisation d'intrants et/ou une plus grande variabilité dans les conditions d'élevage (ruminants et monogastriques). Les conséquences de cette plus grande variabilité pour les consommateurs et la transformation n'ont pas été abordées jusqu'à présent dans la littérature scientifique et constituent une piste de recherche à développer.

Antagonismes possibles et gestion de la qualité

LE CADRE D'ANALYSE DE LA QUALITÉ DÉCLINÉ EN SEPT PROPRIÉTÉS a permis de pointer les antagonismes possibles entre ces différentes dimensions et entre les différents acteurs de la fabrication des aliments. Une pratique d'élevage peut ainsi avoir des effets positifs sur certaines des propriétés qui constituent la qualité, mais négatifs sur d'autres. Ne pas castrer les porcs mâles est favorable à l'image (bien-être animal, moindres rejets azotés) et aux propriétés commerciales (teneur plus élevée en viande maigre), mais défavorable aux propriétés organoleptiques (risques d'odeurs indésirables). Pour la viande ovine, l'élevage à l'herbe est favorable aux propriétés nutritionnelles et d'image du produit, mais défavorable à ses propriétés organoleptiques (risques de flaveurs indésirables) et commerciales (risque d'état d'engraissement insuffisant). En aquaculture, la substitution de l'origine marine de l'alimentation par des végétaux d'origine terrestre améliore l'image et les propriétés sanitaires (moindre risque de contaminants liés aux farines et huiles de poisson), mais dégrade les propriétés nutritionnelles. Les recherches s'orientent vers les possibles compromis entre ces effets positifs et négatifs ou vers des solutions pour dépasser ces antagonismes (par exemple, la détection des carcasses odorantes à l'abattoir). Les approches multicritères sont des outils prometteurs pour gérer ces antagonismes entre propriétés et acteurs et trouver des compromis ; elles sont cependant émergentes et à encourager.

Les variations dans les caractéristiques individuelles des animaux et les antagonismes possibles entre différentes dimensions de la qualité renforcent le besoin d'outils peu invasifs pour prédire les propriétés des produits (ou de la matière première pour la transformation), ainsi que gérer leur variabilité en orientant les produits bruts vers différents segments de marché, et la matière première vers différents procédés de transformation. Des recherches s'intéressent à des outils applicables du vivant de l'animal afin d'intervenir potentiellement dès la phase d'élevage. Des travaux cherchent ainsi à identifier des marqueurs, biologiques, physiques, ou à développer des bases de données reliant la qualité de la viande avec certaines caractéristiques des animaux, des carcasses et des viandes, en interaction avec les modalités de cuisson.

Effets sur la santé humaine

LES PRODUITS ANIMAUX SONT ENCORE AU CENTRE DE LA FOURNITURE DES PROTÉINES dans les régimes occidentaux. Une de leurs caractéristiques majeures est leur teneur élevée en protéines de bonne qualité nutritionnelle. La vitamine B12 et les acides gras oméga-3 à longue chaîne leur sont également spécifiques. Sans la consommation de ces produits, il est impossible de couvrir les apports nutritionnels conseillés en vitamine B12 et DHA sans recourir à des compléments alimentaires. Les produits animaux permettent également de couvrir plus facilement que les produits végétaux les besoins en de nombreux minéraux, notamment chez les personnes les plus à risque (personnes âgées, femmes en âge de procréer, enfants). Un régime strictement végétalien (pas de lait, d'œufs, de viande et de produits laitiers) est associé à un risque accru de déficiences nutritionnelles, en particulier chez les jeunes et les personnes âgées.

Les travaux d'épidémiologie et les études mécanistiques attachés aux pathologies chroniques d'origine alimentaire montrent que la consommation de produits animaux peut avoir des effets positifs sur la santé ou des effets négatifs s'ils sont consommés en excès. Avec des niveaux de preuve convaincants, la consommation de poisson est associée à une diminution du risque de mortalité prématurée (– 65 ans) et du risque de maladies cardiovasculaires et neurodégénératives, celle des produits laitiers à une diminution du risque de cancer colorectal. Â l'inverse, des risques accrus de cancers et de maladies cardiovasculaires sont liés à des consommations excessives de charcuteries et de viandes de boucherie hors volailles, ce qui conduit à recommander des plafonds de consommation (150 g et 500 g par semaine, respectivement). Le message de réduction de consommation s'adresse aux deux tiers des Français dépassant le niveau de consommation recommandé pour la charcuterie et au tiers qui dépasse celui recommandé pour la viande de boucherie.

Les études épidémiologiques et recommandations nutritionnelles concernent l'échelle de groupes de produits. Elles ne prennent pas en compte la grande variabilité de composition des produits liée à la variabilité des conditions de production et de transformation. Au sein des catégories « charcuterie » et « viande de boucherie », on trouve ainsi une grande diversité de produits ayant des compositions variées (teneurs lipides, en fer, sel, nitrite, antioxydants, profil en acides gras) et ayant subi des procédés de transformation divers (cuisson, séchage, fermentation, etc.). Il y a donc besoin de mieux comprendre les liens entre santé et conditions de production et de transformation des aliments. Il y a aussi besoin d'affiner les méthodologies de classement des aliments, dont certains sont utilisés dans les recommandations nutritionnelles (et dans des applications numériques), mais sont très débattus dans la communauté scientifique. L'expertise souligne ainsi le besoin d'une meilleure connexion entre les communautés scientifiques à l'échelle de l'élevage, de la transformation, de la nutrition humaine et de l'épidémiologie pour mieux qualifier les liens entre les pratiques d'élevage et de transformation et les effets sur la santé.

Le message de réduction de la consommation des aliments d'origine animale cible, en premier lieu, les gros consommateurs de produits carnés. Même dans les pays où la population consomme, en moyenne, des protéines d'origine animale plus que de besoin, certaines populations peuvent avoir une consommation faible, notamment certaines personnes âgées et celles en situation de précarité. Les effets à long terme d'une absence complète de consommation de produits animaux sur la santé ne sont pas encore bien connus. Des recherches sont par ailleurs nécessaires pour comprendre les leviers et les freins aux pratiques de substitution entre aliments, selon les populations, ainsi que les modalités de la transition d'un régime alimentaire vers un autre.

Évolution des comportements alimentaires et attentes sociétales

LES ÉVOLUTIONS RAPIDES OBSERVÉES dans la consommation des aliments d'origine animale invitent à mieux anticiper les motivations des consommateurs, à éclairer les politiques alimentaires et agricoles, et à instruire des solutions de rupture dans les pratiques d'élevage et les procédés de transformation des aliments (annexe VI). Les consommateurs ont des exigences accrues sur les conditions de production des animaux et de transformation des aliments qui s'accompagnent d'un besoin de ré-assurance et de transparence. L'authentification des conditions de production, de transformation de l'aliment, ainsi que l'authentification de son origine font l'objet de beaucoup de travaux. Les méthodes sont cependant encore au stade de la « preuve de concept » et nécessitent de gagner en généricité et en robustesse pour pouvoir être transférées aux opérateurs. Par ailleurs, certains s'inquiètent que la profusion d'informations sur les étiquettes des produits (signes de qualité, scores nutritionnels, mentions valorisantes, etc.) n'en limite l'intérêt. La saturation d'informations et les possibles confusions qu'elle entraîne sont des problèmes étudiés de longue date en sociologie de l'alimentation. Enfin, l'augmentation de la consommation d'aliments « prêts à consommer » se fait au détriment des savoir-faire culinaires. Cela se vérifie pour les produits d'origine animale. Pour contrecarrer cette évolution défavorable, le rôle de l'éducation apparaît primordial afin que chacun puisse acquérir les connaissances de base sur les aspects culinaires, sensoriels, nutritionnels, de saisonnalité, etc., et puisse être autonome dans ses choix alimentaires. Le manque de données et d'analyses scientifiques sur les pratiques culinaires et de consommation à domicile sont à ce titre éloquents. Cette étape finale est pourtant déterminante sur la qualité de l'aliment qui sera ingéré.

Bibliographie

Abel M.H., Caspersen I.H., Meltzer H.M., Haugen M., Brandlistuen R.E., Aase H., Alexander J., Torheim L.E., Brantsaeter A.L., 2017. suboptimal maternal iodine intake is associated with impaired child neurodevelopment at 3 years of age in the Norwegian Mother and child cohort study. *Journal of Nutrition*, 147 (7), 1314-1324.

Adamiec C., 2015. When healthful eating becomes an obsession. *In: Personal Dietary Requirements* (Fischler C., ed.), Paris, Odile Jacob, 151-161.

Adjibade M., Julia C., Alles B., Touvier M., Lemogne C., Srour B., Hercberg S., Galan P., Assmann K.E., Kesse-Guyot E., 2019. Prospective association between ultra-processed food consumption and incident depressive symptoms in the French NutriNet-Sante cohort. *BMC Medicine*, 17 (78), 1-13, ‹http://dx.doi.org/10.1186/s12916-019-1312-y› (consulté le 04/12/2020).

Albuquerque T.G., Oliveira M., Sanches-Silva A., Bento A.C., Costa H.S., 2016. The impact of cooking methods on the nutritional quality and safety of chicken breaded nuggets. *Food and Function*, 7 (6), 2736-2746, ‹http://dx.doi.org/10.1039/c6foo0353b› (consulté le 04/12/2020).

Alles B., Baudry J., Mejean C., Touvier M., Peneau S., Hercberg S., Kesse-Guyot E., 2017. Comparison of sociodemographic and nutritional characteristics between self-reported vegetarians, vegans, and meat-eaters from the NutriNet-Sante Study. *Nutrients*, 9 (9), ‹http://dx.doi.org/10.3390/nu9091023› (consulté le 02/12/2020).

Anses, 2011. *Actualisation des apports nutritionnels conseillés pour les acides gras*. Rapport d'expertise collective, Paris, Anses (saisine n° 2006-SA-0359), 323 p.

Anses, 2016. Avis relatif à l'exposition alimentaire des enfants de moins 3 ans à certaines substances. Paris, 37 p.

Anses, 2017. *Étude individuelle nationale des consommations alimentaires 3 (INCA 3)*. Rapport d'expertise. Paris, Anses (saisine n° 2014-SA-0234), 535 p., ‹https://www.anses.fr/fr/system/files/NUI2014SA0234Ra.pdf› (consulté le 02/12/2020).

Anses, 2018. Attribution des sources des maladies infectieuses d'origine alimentaire. Partie 2 : Analyse des données épidémiologiques. Paris, Anses (Saisine n°2015-SA-0162), 112 p.

Association nationale de défense des consommateurs et usagers, 2018. « Quantité de viandes, qualité nutritionnelle… Que valent vraiment les plats préparés à base de bœuf ? », ‹www.clcv.org/alimentation-enquetes/quantite-de-viande-qualite-nutritionnelle-que-valent-vraiment-les-plats-prepares-a-base-de-boeuf› (consulté le 28/12/2020).

Augustin J.C., Kooh P., Bayeux T., Guillier L., Meyer T., Jourdan da Silva N., Villena I., Sanaa M., Cerf O., 2020. *Contribution of foods and improper food handling practices to the burden of foodborne infectious diseases in France, Food*, 9 (11), 1-18.

Barbut S., 2015. Principles of meat processing. *In: The Science of Poultry and Meat Processing*, Guelph, Canada, University of Guelph, 89 p.

Bastide N.M., Chenni F., Audebert M., Santarelli R.L., Tache S., Naud N., Baradat M., Jouanin I., Surya R., Hobbs D.A., Kuhnle G.G., Raymond-Letron I., Gueraud F., Corpet D.E., Pierre F.H.F., 2015. A central role for heme iron in colon carcinogenesis associated with red meat intake. *Cancer Research*, 75 (5), 870-879, ‹http://dx.doi.org/10.1158/0008-5472.can-14-2554› (consulté le 02/12/2020).

Baudry J., Ducros V., Druesne-Pecollo N., Galan P., Hercberg S., Debrauwer L, Amiot M.-J., Lairon D., Kesse-Guyot E. 2019. Some differences in nutritional biomarkers are detected between consumers and nonconsumers of organic foods: findings from the BioNutriNet Project. *Current Developments in Nutrition*, 3 (3), ‹https://doi.org/10.1093/cdn/nzy090› (consulté le 29/12/2020).

Bax M.L., Aubry L., Ferreira C., Daudin J.D., Gatellier P., Remond D., Santé-Lhoutellier V., 2012. Cooking temperature is a key determinant of in vitro meat protein digestion rate: investigation of underlying mechanisms. *Journal of Agricultural and Food Chemistry*, 60 (10), 2569-2576, ‹http://dx.doi.org/10.1021/jf205280y› (consulté le 04/12/2020).

Beaudart C., Zaaria M., Pasleau F.E.O., Reginster J.Y., Bruyere O., 2017. Health outcomes of sarcopenia: a systematic review and meta-analysis. *Plos One*, 12 (1), ‹http://dx.doi.org/10.1371/journal.pone.0169548› (consulté le 02/12/2020).

Bechaux J., Gatellier P., Le Page J.F., Drillet Y., Santé-Lhoutellier V., 2019. A comprehensive review of bioactive peptides obtained from animal byproducts and their applications. *Food and Function*, 10 (10), 6244-6266, ‹http://dx.doi.org/10.1039/c9fo01546a› (consulté le 04/12/2020).

Bechthold A., Boeing H., Schwedhelm C., Hoffmann G., Knuppel S., Iqbal K., De Henauw S., Michels N., Devleesschauwer B., Schlesinger S., Schwingshackl L., 2019. Food groups and risk of coronary heart disease, stroke and heart failure: a systematic review and dose-response meta-analysis of prospective studies. *Critical reviews in food science and nutrition*, 59 (7), 1071-1090, ‹http://dx.doi.org/10.1080/10408398.2017.1392288› (consulté le 02/12/2020).

Berthelot V., 2018. *Alimentation des animaux et qualité de leurs produits*, Paris, Lavoisier, Tec et Doc, coll. Agriculture d'aujourd'hui, 442 p.

Berthelot V., Gruffat D., 2018. Fatty acid composition of muscles in cattle and lamb. *In: Feeding System for Ruminants* (Nozière P., Sauvant D., Delaby L., eds), Wageningen, Wageningen Academic Publishers, 193-202.

Black M.M., 2008. Effects of B-12 and folate deficiency on brain development in children. *Food and Nutrition Bulletin*, 29 (2), S126-S131, ‹http://dx.doi.org/10.1177/15648265080292s117› (consulté le 02/12/2020).

Botreau R., Martin B., Hulin S., Kanyarushoki C., Farruggia A., Monsallier F., Loisel A., Hérisset R., Laurent C., 2017. Multicriteria evaluation for conjoint assessment of milk quality and environmental performances of dairy farms. *In: Proceedings of 12th International Meeting on Mountain Cheese*, 20-22 June 2017, Padova, Italy, 101-105.

Burdge G.C., Tan S.Y., Henry C.J., 2017. Long-chain n-3 PUFA in vegetarian women: a metabolic perspective. *Journal of Nutritional Science*, 6, ‹http://dx.doi.org/10.1017/jns.2017.62› (consulté le 02/12/2020).

Chaillou S., Christieans S., Rivollier M., Lucquin I., Champomier-Verges M.C., Zagorec M., 2014. Quantification and efficiency of *Lactobacillus sakei* strain mixtures used as protective cultures in ground beef. *Meat Science*, 97 (3), 332-338, ‹http://dx.doi.org/10.1016/j.meatsci.2013.08.009› (consulté le 04/12/2020).

Ciqual, 2020. Table de composition nutritionnelle des aliments, ‹https://ciqual.anses.fr/› (consulté le 29/12/2020).

Clark B., Stewart G.B., Panzone L.A., Kyriazakis I., Frewer L.J., 2017. Citizens, consumers and farm animal welfare: a meta-analysis of willingness-to-pay studies. *Food Policy*, 68, 112-127, ‹http://dx.doi.org/10.1016/j.foodpol.2017.01.006› (consulté le 02/12/2020).

Clark M.A., Springmann M., Hill J., Tilman D., 2019. Multiple health and environmental impacts of foods. *Proceedings of the National Academy of Sciences of the USA*, 116 (46), 23357-23362, ‹http://dx.doi.org/10.1073/pnas.1906908116› (consulté le 02/12/2020).

Code des usages, 2020. Nouvelle version du Code des usages de la charcuterie, de la salaison et des conserves de viandes, ‹https://www.code-des-usages-charcuterie.fr/› (consulté le 28/12/2020).

Commission européenne, 2004. Règlement (CE) n° 853/2004 du Parlement européen et du Conseil du 29 avril 2004 fixant des règles spécifiques d'hygiène applicables aux denrées alimentaires d'origine animale. *JOUE*, L 139 du 30 avril 2004, 55-205, ‹http://eur-lex.europa.eu/legal-content/FR/TXT/?uri=celex:32004R0853› (consulté le 04/12/2020).

Commission européenne, 2019, Quality schemes explained, « Aims of EU quality schemes », ‹https://ec.europa.eu/info/food-farming-fisheries/food-safety-and-quality/certification/quality-labels/quality-schemes-explained› (consulté le 28/12/2020).

Credoc, 2013. *Comportements et consommations alimentaires en France*, Paris, Lavoisier, Tec et Doc, 101 p.

Cross A.J., Ferrucci L.M., Risch A., Graubard B.I., Ward M.H., Park Y., Hollenbeck A.R., Schatzkin A., Sinha R., 2010. A large prospective study of meat consumption and colorectal cancer risk: an investigation of potential mechanisms underlying this association. *Cancer Research*, 70 (6), ‹2406-2414, http://dx.doi.org/10.1158/0008-5472.can-09-3929› (consulté le 02/12/2020).

Danezis G.P., Tsagkaris A.S., Camin F., Brusic V., Georgiou C.A., 2016. Food authentication: techniques, trends and emerging approaches. *TrAC, Trends in Analytical Chemistry*, 85 (Part A, special Issue), 123-132, ‹http://dx.doi.org/10.1016/j.trac.2016.02.026› (consulté le 02/12/2020).

Dekhili S., Akli Achabou M., 2013. Pertinence d'une double labellisation biologique-écologique auprès des consommateurs. Une application au cas des œufs. *Économie rurale*, 336, 41-59, ‹http://dx.doi.org/10.4000/economierurale.4002› (consulté le 02/12/2020).

De Smet S., Vossen E., 2016. Meat: The balance between nutrition and health. A review. *Meat Science*, 120, 145-156, ‹http://dx.doi.org/10.1016/j.meatsci.2016.04.008› (consulté le 04/12/2020).

Douny C., El Khoury R., Delmelle J., Brose F., Degrand G., Farnir F., Clinquart A., Maghuin-Rogister G., Scippo M.-L., 2015. Effect of storage and cooking on the fatty acid profile of omega-3 enriched eggs and pork meat marketed in Belgium. *Food Science and Nutrition*, 3 (2), 140-152.

Duchène C., Lambert J.L., Tavoularis G., 2017. La consommation de viande en France. *Les Cahiers du CIV*, 68 p.

Dumont B., Dupraz P., Donnars C., 2019. *Impacts et services issus des élevages européens*, Éditions Quae, Versailles, 182 p.

Dupont D., Boutrou R., Menard O., Jardin J., Tanguy G., Schuck P., Haab B.B., Leonil J., 2010. Heat treatment of milk during powder manufacture increases casein resistance to simulated infant digestion. *Food Digestion*, 1 (1), 28-39, ‹http://dx.doi.org/10.1007/s13228-010-0003-0› (consulté le 04/12/2020).

Duret S., Hoang H.M., Derens-Bertheau E., Delahaye A., Laguerre O., Guillier L., 2019. Combining quantitative risk assessment of human health, food waste, and energy consumption: the next step in the development of the food cold chain? *Risk Analysis*, 39 (4), 906-925, ‹http://dx.doi.org/10.1111/risa.13199› (consulté le 02/12/2020).

Ellies-Oury M.-P., Hocquette J.-F., 2018. *La chaîne de la viande bovine. Production, transformation, valorisation et consommation*, Paris, Lavoisier, 324 p.

Esnouf C., Russel M., Bricas N., 2011. duALIne-durabilité de l'alimentation face à de nouveaux enjeux. Questions à la recherche. *In : duALIne. Durabilité de l'alimentation face à de nouveaux enjeux* (Esnouf C., Russel M., Bricas N., eds), Versailles, Éditions Quæ, 185-195, ‹https://www.cirad.fr/content/download/5886/56801/version/2/file/duALIne_Conclusion_nov2011.pdf› (consulté le 04/12/2020).

Euromonitor International, 2011. *The War on Meat. How Low-Meat and No-Meat Diets Are Impacting Consumer Markets*, London, Euromonitor International.

Fourat E., Lepiller O., 2017. Forms of food transition: sociocultural factors limiting the diets' animalisation in France and India. *Sociologia Ruralis*, 57 (1), 41-63, http://dx.doi.org/10.1111/soru.12114 (consulté le 02/12/2020).

FranceAgriMer, 2017. *Les filières pêche et aquaculture en France : production, entreprises, échanges, consommation*, Paris, FranceAgriMer (Chiffres clés de FranceAgriMer), 36 p.

FranceAgriMer, 2018a. *Les marchés des produits laitiers, carnés et avicoles. Bilan 2017, perspectives 2018*, Paris, FranceAgriMer, 144 p., ‹https://www.franceagrimer.fr/content/download/55817/document/BIL-VIA-LAI-Bilan2017-Perspectives2018.pdf› (consulté le 02/12/2020).

FranceAgriMer, 2018b. *Consommation de produits de la pêche et de l'aquaculture 2017*, Paris, FranceAgriMer (données et bilan FranceAgriMer), 128 p., ‹https://www.franceagrimer.fr/fam/content/download/60557/document/STA_MER_CONSO_2017.pdf?version=4› (consulté le 02/12/2020).

FranceAgriMer, 2019. ‹https://www.franceagrimer.fr/Eclairer/Documentation› (consulté le 28/12/2020).

Gamage S.M.K., Dissabandara L., Lam A.K.Y., Gopalan V., 2018. The role of heme iron molecules derived from red and processed meat in the pathogenesis of colorectal carcinoma. *Critical Reviews in Oncology Hematology*, 126, 121-128, http://dx.doi.org/10.1016/j.critrevonc.2018.03.025 (consulté le 02/12/2020).

Gillis J.-C., Ayerbe A., 2018. *Le fromage*, Paris, Lavoisier, Tec et Doc, 1 001 p.

Guérin-Dubiard C., Anton M., 2010. Fractionnement de l'œuf. *In : Science et technologie de l'œuf et des ovoproduits. Vol 2, De l'œuf aux ovoproduits* (Nau F., Guérin-Dubiard, C., Baron, F., Thapon J.L., eds), Paris, Lavoisier, Tec et Doc.

Haider L.M., Schwingshackl L., Hoffmann G., Ekmekcioglu C., 2018. The effect of vegetarian diets on iron status in adults: a systematic review and meta-analysis. *Critical Reviews in Food Science and Nutrition*, 58 (8), 1359-1374, ‹http://dx.doi.org/10.1080/10408398.2016.1259210› (consulté le 04/12/2020).

Hamley S., 2017. The effect of replacing saturated fat with mostly n-6 polyunsaturated fat on coronary heart disease: a meta-analysis of randomised controlled trials. *Nutrition Journal*, 16, ‹http://dx.doi.org/10.1186/s12937-017-0254-5› (consulté le 02/12/2020).

Haut Conseil de la santé publique, 2017. *Prévention de la maladie d'Alzheimer et des maladies apparentées*, Paris, HCSP, 124 p., ‹https://www.vie-publique.fr/sites/default/files/rapport/pdf/184000561.pdf› (consulté le 02/12/2020).

Hibbeln J.R., Northstone K., Evans J., Golding J., 2018. Vegetarian diets and depressive symptoms among men. *Journal of Affective Disorders*, 225, 13-17, ‹http://dx.doi.org/10.1016/j.jad.2017.07.051› (consulté le 02/12/2020).

Hung Y., Hieke S., Grunert K.G., Verbeke W., 2019. Setting policy priorities for front-of-pack health claims and symbols in the European Union: expert consensus built by using a Delphi method. *Nutrients*, 11 (2), ‹http://dx.doi.org/10.3390/nu11020403› (consulté le 02/12/2020).

Idele, 2018. Production laitière dans les montagnes de l'UE : quelles stratégies après les quotas laitiers ?, *Économie de l'élevage*, 494, 48 p.

INRAE, 2020. Qualité des aliments d'origine animale selon les conditions de production et transformation, ‹https://www.inrae.fr/actualites/qualite-aliments-dorigine-animale-conditions-production-transformation› (consulté le 29/12/2020).

InVS, 2015. Données épidémiologiques des infections à Campylobacter en France. Paris, InVS, 12 p.

Janssen M., Rodiger M., Hamm U., 2016. Labels for animal husbandry systems meet consumer preferences: results from a meta-analysis of consumer studies. *Journal of Agricultural and Environmental Ethics*, 29 (6), 1071-1100, ‹http://dx.doi.org/10.1007/s10806-016-9647-2› (consulté le 02/12/2020).

Jauneau P., Daudey E., Hoibian S., 2016. *Baromètre de la perception des risques sanitaires 2015 : les risques sanitaires préoccupent moins*, Paris, Credoc, coll. des rapports, n° R323, 45 p., ‹https://www.credoc.fr/download/pdf/Rapp/R323.pdf› (consulté le 02/12/2020).

Julia C., Hercberg S., World Health Organization, 2017. Development of a new front-of-pack nutrition label in France: the five-colour Nutri-Score. *Public Health Panorama*, 3 (04), 712-725, ‹https://apps.who.int/iris/bitstream/handle/10665/325207/php-3-4-712-725-eng.pdf› (consulté le 04/12/2020).

Lacroix M., Bon C., Bos C., Leonil J., Benamouzig R., Luengo C., Fauquant J., Tome D., Gaudichon C., 2008. Ultra-high temperature treatment, but not pasteurization, affects the postprandial kinetics of milk proteins in humans. *Journal of Nutrition*, 138 (12), 2342-2347, ‹http://dx.doi.org/10.3945/jn.108.096990› (consulté le 04/12/2020).

Légifrance, 1964. Décret n° 64-334 du 16 avril 1964 relatif à la protection de certains animaux domestiques et aux conditions d'abattage. *JORF*, du 18 avril 1964, p. 3485.

Légifrance, 1997. Arrêté du 12 décembre 1997 relatif aux procédés d'immobilisation, d'étourdissement et de mise à mort des animaux et aux conditions de protection animale dans les abattoirs. *JORF*, n° 296 du 21 décembre 1997, p. 18574, ‹https://www.legifrance.gouv.fr/affichTexte.do?cidTexte=JORFTEXT000000204001&categorieLien=id (EN_39129)› (consulté le 29/12/2020).

Légifrance, 2016. Décret n° 2016-1137 du 19 août 2016 relatif à l'indication de l'origine du lait et du lait et des viandes utilisés en tant qu'ingrédient. *JORF*, n° 0194 du 21 août 2016, texte n° 18.

Légifrance, 2018. Loi n° 2018-938 du 30 octobre 2018 pour l'équilibre des relations commerciales dans le secteur agricole et alimentaire et une alimentation saine, durable et accessible à tous. *JORF*, n° 0253 du 1ᵉʳ novembre 2018.

Légifrance, 2020. Loi n° 2020-699 du 10 juin 2020 relative à la transparence de l'information sur les produits agricoles et alimentaires, ‹https://www.legifrance.gouv.fr/jorf/id/JORFTEXT000041982762/› (consulté 29/12/2020).

Lepiller O., 2016. Valoriser le naturel dans l'alimentation. *Cahiers de nutrition et de diététique*, 51 (2), 73-80, ‹http://dx.doi.org/10.1016/j.cnd.2016.02.006› (consulté le 02/12/2020).

Leroux J., Fouchet M., Haegelin A., 2009. Élevage bio : des cahiers des charges français à la réglementation européenne. *Inra Productions animales*, 22 (3), 151-160, ‹https://hal.inrae.fr/hal-02654349› (consulté le 29/12/2020).

Lipinski B., Hanson C., Lomax J., Kitinoja L., Waite R., Searchinger T., 2013. *Reducing Food Loss and Waste, Installment 2 of Creating a Sustainable Food Future*, World Research Institute Working Paper, 40.

Mac Auliffe, G.A., Takahashi, T., Lee, M.R.F., 2018. Framework for life cycle assessment of livestock production systems to account for the nutritional quality of final products. *Food and Energy Security*, 7, article e00143.

Madoumier M., 2016. *Modélisation et développement d'outils pour l'écoconception d'un procédé de concentration en industrie laitière : cas de l'évaporation du lait*. Thèse, Agrocampus Ouest, Rennes.

Marchiori D.R., Adriaanse M.A., De Ridder D.T.D., 2017. Unresolved questions in nudging research: putting the psychology back in nudging. *Social and Personality Psychology Compass*, 11 (1), e12297, ‹http://dx.doi.org/10.1111/spc3.12297› (consulté le 02/12/2020).

Mariotti F., Gardner C.D., 2020. Adéquation de l'apport en protéines et acides aminés dans les régimes végétariens. *Cahiers de nutrition et de diététique*, ‹http://dx.doi.org/10.1016/j.cnd.2019.12.002› (consulté le 02/12/2020).

Medale F., Le Boucher R., Dupont-Nivet M., Quillet E., Aubin J., Panserat S., 2013. Plant based diets for farmed fish. *Inra Productions animales*, 26 (4), 303-315.

Monteiro C.A., Cannon G., Moubarac J.C., Levy R.B., Louzada M.L.C., Jaime P.C., 2018. The UN Decade of Nutrition, the NOVA food classification and the trouble with ultra-processing. *Public Health Nutrition*, 21 (1), 5-17, ‹http://dx.doi.org/10.1017/s1368980017000234› (consulté le 04/12/2020).

Mourot J., de Tonnac A., 2015. The Bleu Blanc Coeur path: impacts on animal products and human health. *OCL-Oilseeds and Fats Crops and Lipids*, 22 (6), ‹http://dx.doi.org/10.1051/ocl/2015051› (consulté le 04/12/2020).

Murimi M.W., Kanyi M., Mupfudze T., Amin M.R., Mbogori T., Aldubayan K., 2017. Factors influencing efficacy of nutrition education interventions: a systematic review. *Journal of Nutrition Education and Behavior*, 49 (2), 142-169, ‹http://dx.doi.org/10.1016/j.jneb.2016.09.003› (consulté le 02/12/2020).

Nacher-Mestre J., Ballester-Lozano G.F., Garlito B., Portoles T., Calduch-Giner J., Serrano R., Hernandez F., Berntssen M.H.G., Perez-Sanchez J., 2018. Comprehensive overview of feed-to-fillet transfer of new and traditional contaminants in Atlantic salmon and gilthead sea bream fed plant-based diets. *Aquaculture Nutrition*, 24 (6), 1782-1795, ‹http://dx.doi.org/10.1111/anu.12817› (consulté le 04/12/2020).

NatexBio, 2020. ‹https://www.natexbio.com› (consulté le 29/12/2020).

Nozieres-Petit M.O., Baritaux V., Couzy C., Derville M., Perrot C., Sans P., You G., 2018. Transformations des filières françaises de produits carnés et laitiers : la place des éleveurs en question. *Inra Productions animales*, 31 (1), 69-82, ‹http://dx.doi.org/10.20870/productions-animales.2018.31.1.2221› (consulté le 29/12/2020).

Nys Y., Jondreville C., Chemaly M., Roudaut B., 2018. Qualités des œufs de consommation. *In : Alimentation des animaux et qualité de leurs produits* (Berthelot V., coord.), Paris, Tec & Doc Lavoisier, coll. Agriculture d'aujourd'hui. Partie 2 : Déterminants alimentaires et non alimentaires en élevage de la qualité des produits (chapitre 9), 316-333.

Ollberding, N.J.; Wilkens, L.R.; Henderson, B.E.; Kolonel, L.N.; Le Marchand, L., 2012. Meat consumption, heterocyclic amines and colorectal cancer risk: the Multiethnic Cohort Study. *International Journal of Cancer*, 131 (7), E1125-E1133, ‹http://dx.doi.org/10.1002/ijc.27546› (consulté le 02/12/2020).

Oudin B., Gassie J., 2018. Anticiper les comportements alimentaires de demain : un outil de sensibilisation destiné aux acteurs de la filière alimentaire. *Notes et études socio-économiques*, 43 (mars), 7-42.

Our World in Data, 2020. ‹ww.ourworldindata› (consulté le 28/12/2020).

Peyraud J.L., Aubin J., Barbier M., Baumont R., Berri C., Bidanel J.P., Citti C., Cotinot C., Ducrot C., Dupraz P., Faverdin P., Friggens N., Houot S., Nozières-Petit M.O., Rogel-Gaillard C., Santé-Lhoutellier V., 2019. Quelle science pour les élevages de demain ? Une réflexion prospective conduite à l'Inra. *Inra Productions animales*, 32 (2), 323-338, ‹http://dx.doi.org/10.20870/productions-animales.2019.32.2.2591› (consulté le 29/12/2020).

Poulehouse, 2020. ‹https://www.poulehouse.fr/› (consulté le 29/12/2020).

Prache S., Santé-Lhoutellier V, Adamiec C., Astruc T., Baeza-Campone E., Bouillot PE., Clinquart A., Feidt C., Fourat E., Gautron J., Guillier L., Kesse-Guyot E., Lebret B., Lefevre F., Martin B., Mirade P.S., Pierre F., Rémond D., Sans P., Souchon I., Girard A., Le Perchec S., Raulet M., Donnars C., 2020a. *La qualité des aliments d'origine animale selon les conditions de production et de transformation. Synthèse de l'Expertise scientifique collective, mai 2020*, INRAE, 113 p., ‹https://www.inrae.fr/sites/default/files/pdf/ESCo_Synth%C3%A8se_FINAL.pdf› (consulté le 29/12/2020).

Prache S., Martin B., Coppa M., 2020b. Review: authentication of grass-fed meat and dairy products from cattle and sheep. *Animal*, 14 (4), 854-863.

Pufulete M., 2008. Intake of dairy products and risk of colorectal neoplasia. *Nutrition Research Reviews*, 21 (1), 56-67, ‹http://dx.doi.org/10.1017/s0954422408035920› (consulté le 02/12/2020).

Raffray G., 2014. *Outils d'aide à la décision pour la conception de procédés agroalimentaires au Sud : application au procédé combiné de séchage, cuisson et fumage de produits carnés*, SupAgro, Montpellier, 146 p., ‹https://www.theses.fr/2014NSAM0066› (consulté le 02/12/2020).

Raffray G., Collignan A., Sebastian P., 2015. Multiobjective optimization of the preliminary design of an innovative hot-smoking process. *Journal of Food Engineering*, 158, 94-103, ‹http://dx.doi.org/10.1016/j.jfoodeng.2015.03.010› (consulté le 02/12/2020).

Ralston R.A., Lee J.H., Truby H., Palermo C.E., Walker K.Z., 2012. A systematic review and meta-analysis of elevated blood pressure and consumption of dairy foods. *Journal of human hypertension*, 26 (1), 3-13, ‹http://dx.doi.org/10.1038/jhh.2011.3› (consulté le 02/12/2020).

Reicks M., Kocher M., Reeder J., 2018. Impact of cooking and home food preparation interventions among adults: a systematic review (2011-2016). *Journal of Nutrition Education and Behavior*, 50 (2), 148-172, ‹http://dx.doi.org/10.1016/j.jneb.2017.08.004› (consulté le 04/12/2020).

Resano H., Perez Cuet F.J.A., de Barcellos M.D., Velfen Olsen N., Grunert K.G., Verbeke W., 2011. Consumer satisfaction with pork meat and derived products in five European countries. *Apetite*, 56 (1), 167-170.

RMT Fromages de terroirs, 2011. *Microflore du lait cru : vers une meilleure connaissance des écosystèmes microbiens du lait et de leurs facteurs de variation*, CNAOL, Paris, 134 p.

RMT, Alimentation locale, 2020. ‹https://www.rmt-alimentation-locale.org/› (consulté le 28/12/2020).

Roche B., Dedieu B., Ingrand S., 2000. Analyse comparative des cahiers des charges Label rouge gros bovins de boucherie. *Rencontres Recherches Ruminants*, 7, 263-266.

Safa H., Gatellier P., Lebert A., Picgirard L., Mirade P.S., 2015. Effect of combined salt and animal fat reductions on physicochemical and biochemical changes during the manufacture of dry-fermented sausages. *Food and Bioprocess Technology*, 8 (10), 2109-2122, ‹http://dx.doi.org/10.1007/s11947-015-1563-3› (consulté le 04/12/2020).

Saint-Eve A., Maurice B., Delarue J., Soler L.G., Souchon I., 2018. Déterminants sensoriels à l'origine des perceptions saine, durable et naturelle d'un produit ultra transformé : les pizzas. *In : Journées francophones de nutrition*, 28-30 novembre 2018, Nice, France.

Santé publique France, 2018. Toxi-infections alimentaires collectives : données, ‹https://www.santepubliquefrance.fr/maladies-et-traumatismes/maladies-infectieuses-d-origine-alimentaire/toxi-infections-alimentaires-collectives/donnees/#tabs› (consulté le 28/12/2020).

Schwingshackl L., Hoffmann G., Lampousi A.M., Knuppel S., Iqbal K., Schwedhelm C., Bechthold A., Schlesinger S., Boeing H., 2017b. Food groups and risk of type 2 diabetes mellitus: a systematic review and meta-analysis of prospective studies. *European Journal of Epidemiology*, 32 (5), 363-375, ‹http://dx.doi.org/10.1007/s10654-017-0246-y› (consulté le 02/12/2020).

Schwingshackl L., Schwedhelm C., Hoffmann G., Lampousi A.M., Knuppel S., Iqbal K., Bechthold A., Schlesinger S., Boeing H., 2017a. Food groups and risk of all-cause mortality: a systematic review and meta-analysis of prospective studies. *American Journal of Clinical Nutrition*, 105 (6), 1462-1473, ‹http://dx.doi.org/10.3945/ajcn.117.153148› (consulté le 02/12/2020).

Service économique Itavi, 2018. Situation du marché des œufs et autoproduits. Édition avril 2018, ‹https://www.itavi.asso.fr/download/10325› (consulté le 29/12/2020).

Sobral M.M.C., Cunha S.C., Faria M.A., Ferreira I., 2018. Domestic cooking of muscle foods: impact on composition of nutrients and contaminants. *Comprehensive Reviews in Food Science and Food Safety*, 17 (2), 309-333, ‹http://dx.doi.org/10.1111/1541-4337.12327› (consulté le 04/12/2020).

Soedamah-Muthu S.S., Verberne L.D., Ding E.L., Engberink M.F., Geleijnse J.M., 2012. Dairy consumption and incidence of hypertension: a dose-response meta-analysis of prospective cohort studies. *Hypertension* (Dallas, Tex., 1979), 60 (5), 1131-1137, ‹http://dx.doi.org/10.1161/hypertensionaha.112.195206› (consulté le 02/12/2020).

Soliman G.A., 2018. Dietary cholesterol and the lack of evidence in cardiovascular disease. *Nutrients*, 10 (6), ‹http://dx.doi.org/10.3390/nu10060780› (consulté le 02/12/2020).

Soncu E.D., Kolsarici N., 2017. Microwave thawing and green tea extract efficiency for the formation of acrylamide throughout the production process of chicken burgers and chicken nuggets. *Journal of the Science of Food and Agriculture*, 97 (6), 1790-1797, ‹http://dx.doi.org/10.1002/jsfa.7976› (consulté le 02/12/2020).

Soppi E.T., 2018. Iron deficiency without anemia: a clinical challenge. *Clinical Case Reports*, 6 (6), 1082-1086, ‹http://dx.doi.org/10.1002/ccr3.1529› (consulté le 02/12/2020).

Springmann M., Mason-D'Coz D., Robinson S., Wiebe K., Godfrey H.C.J., Rayner M., Scarborough P., 2018. Health-motivated taxes on red and processed meat: a modelling study on optimal tax levels and associated health impacts. *Plos One*, 13 (11), ‹http://dx.doi.org/10.1371/journal.pone.0204139› (consulté le 02/12/2020).

Srednicka-Tober D., Baranski M., Seal C., Sanderson R., Benbrook C., Steinshamn H., Gromadzka-Ostrowska J., Rembialkowska E., Skwarlo-Sonta K., Eyre M., Cozzi G., Larsen M.K., Jordon T., Niggli U., Sakowski T., Calder P.C., Burdge G.C., Sotiraki S., Stefanakis A., Yolcu H., Stergiadis S., Chatzidimitriou E., Butler G., Stewart G., Leifert C., 2016a. Composition differences between organic and conventional meat: a systematic literature review and meta-analysis. *British Journal of Nutrition*, 115 (6), 994-1011, ‹http://dx.doi.org/10.1017/s0007114515005073› (consulté le 29/12/2020).

Srednicka-Tober D., Baranski M., Seal C.J., Sanderson R., Benbrook C., Steinshamn H., Gromadzka-Ostrowska J., Rembialkowska E., Skwarlo-Sonta K., Eyre M., Cozzi G., Larsen M.K., Jordon T., Niggli U., Sakowski T., Calder P.C., Burdge G.C., Sotiraki S., Stefanakis A., Stergiadis S., Yolcu H., Chatzidimitriou E., Butler G., Stewart G., Leifert C., 2016b. Higher PUFA and n-3 PUFA, conjugated linoleic acid, alpha-tocopherol and iron, but lower iodine and selenium concentrations in organic milk: a systematic literature review and meta- and redundancy analyses. *British Journal of Nutrition*, 115 (6), 1043-1060, ‹http://dx.doi.org/10.1017/s0007114516000349› (consulté le 29/12/2020).

Talon R., Leroy S., Vermassen A., Christieans S., 2015. Réduction des nitrates, nitrites dans les produits carnés : quelles conséquences ? Quelles solutions ? *Innovations agronomiques*, 44, 25-34.

Tavoularis G., Sauvage E., 2018. Les nouvelles générations transforment la consommation de viande. *Credoc : consommation et modes et de vie*, (300), 4 p., ‹https://www.credoc.fr/download/pdf/4p/CMV300.pdf› (consulté le 02/12/2020).

Thomsen S.T., Pires S.M., Devleesschauwer B., Poulsen M., Fagt S., Ygil K.H., Andersen R., 2018. Investigating the risk-benefit balance of substituting red and processed meat with fish in a Danish diet. *Food and Chemical Toxicology*, 120, 50-63, ‹http://dx.doi.org/10.1016/j.fct.2018.06.063› (consulté le 02/12/2020).

Tressou J., Ben Abdallah N., Planche C., Dervilly-Pinel G., Sans P., Engel E., Albert I., 2017. Exposure assessment for dioxin-like PCBs intake from organic and conventional meat integrating cooking and digestion effects. *Food and Chemical Toxicology*, 110, 251-261, ‹http://dx.doi.org/10.1016/j.fct.2017.10.032› (consulté le 02/12/2020).

Union européenne, 2002. Règlement (CE) n° 178/2002 du Parlement européen et du Conseil du 28 janvier 2002 établissant les principes généraux et les prescriptions générales de la législation alimentaire, instituant l'Autorité européenne de sécurité des aliments et fixant des procédures relatives à la sécurité des denrées alimentaires. *JOUE*, L 031 du 1ᵉʳ février 2002, 1-24.

Union européenne, 2004. Règlement (CE) n° 852/2004 du Parlement européen et du Conseil du 29 avril 2004 relatif à l'hygiène des denrées alimentaires. *JOUE*, L 139 du 30 avril 2004, 1-54.

Union européenne, 2007. Règlement (CE) n° 834/2007 du Conseil du 28 juin 2007 relatif à la production biologique et à l'étiquetage des produits biologiques et abrogeant le règlement (CEE) n° 2092/91. *JOUE*, L 189 du 20 juillet 2007, 1-23.

Union européenne, 2008. Règlement (CE) n° 543/2008 de la Commission du 16 juin 2008 portant modalités d'application du règlement (CE) n° 1234/2007 du Conseil en ce qui concerne les normes de commercialisation pour la viande de volaille. *JOUE*, L 157, 17 juin, 46-87.

Union européenne, 2011a. Règlement (UE) n° 1129/2011 de la Commission du 11 novembre 2011 en vue d'inclure une liste de l'Union des additifs alimentaires. *JOUE*, L 32011R1129, 12 novembre, ‹http://data.europa.eu/eli/reg/2011/1129/oj/eng› (consulté le 02/12/2020).

Union européenne, 2011b. Règlement (UE) n° 1169/2011 du Parlement européen et du Conseil du 25 octobre 2011 concernant l'information des consommateurs sur les denrées alimentaires, *JOUE*, L 304, 22 novembre, 0018-0063.

Union européenne, 2015. Règlement (UE) n° 2015/2283 du Parlement européen et du Conseil du 25 novembre 2015 relatif aux nouveaux aliments, JOUE, L 327, 11 décembre, 1-22.

Union européenne, 2017. Règlement d'exécution (UE) 2017/962 de la Commission du 7 juin 2017 suspendant l'autorisation de l'éthoxyquine en tant qu'additif destiné à l'alimentation de toutes les espèces et catégories d'animaux. *JOUE*, L 145, 8 juin, 13-17.

Union européenne, 2018a. Règlement (UE) 2018/848 du Parlement européen et du Conseil du 30 mai 2018 relatif à la production biologique et à l'étiquetage des produits biologiques, et abrogeant le règlement (CE) n° 834/2007 du Conseil. *JOUE*, L 150, 14 juin, 1-92.

Union européenne, 2020. Règlement d'exécution (UE) 2020/464 de la Commission du 26 mars concernant les documents nécessaires à la reconnaissance rétroactive des périodes de conversion, la production de produits biologiques et les informations communiquées par les États membres. *JOUE*, L98, 31 mars, 2-25.

Van Cauteren D., De Valk H., Sommen C., King L.A., Silva N.J.D., Weill F.X., Le Hello S., Megraud F., Vaillant V., Desenclos J.C., 2015. Community incidence of Campylobacteriosis and Nontyphoidal Salmonellosis, France, 2008-2013. *Foodborne Pathogens and Disease*, 12 (8), 664-669, ‹http://dx.doi.org/10.1089/fpd.2015.1964› (consulté le 02/12/2020).

Van Cauteren D., Le Strat Y., Sommen C., Bruyand M., Tourdjman M., Jourdan-Da Silva N., Couturier E., Fournet N., De Valk H., Desenclos J.C., 2018. Estimation de la morbidité et de la mortalité liées aux infections d'origine alimentaire en France métropolitaine, 2008-2013. *Bulletin épidémiologique hebdomadaire*, 1, 2-10, ‹http://beh.santepubliquefrance.fr/beh/2018/1/pdf/2018_1_1.pdf› (consulté le 02/12/2020).

WCRF/AICR/CUP Expert Report, 2018a. *Meat, fish and Dairy Products and the Risk of Cancer. Diet, Nutrition, Physical Activity and Cancer: A Global Perspective*, London, WCRF International, 78 p., ‹https://www.wcrf.org/sites/default/files/Meat-Fish-and-Dairy-products.pdf› (consulté le 02/12/2020).

WCRF/AICR/CUP Expert Report, 2018b. *Diet, Nutrition, Physical Activity: Energy Balance and Body Fatness. The Determinants of Weight Gain, Overweight And Obesity. Diet, Nutrition and Cancer: A Global Perspective*, London, WCRF International, 123 p.

WHO, 2009. *Principles and Methods for the Risk Assessment of Chemicals in Food*, Geneva, World Health Organization (Environmental Health Criteria 240), 752 p.

Abréviations et sigles

AB : Agriculture biologique. Les aliments issus d'élevages certifiés en AB sont des produits AB ou bio.

ACV : analyse du cycle de vie.

AVC : accident vasculaire cérébral.

Ademe : Agence de l'environnement et de la maîtrise de l'énergie.

ADN : acide désoxyribonucléique.

AGMI : acide gras mono-insaturé.

AGPI : acide gras poly-insaturé.

AGPI n-3 et n-6 : acides gras poly-insaturés (oméga-3 et oméga-6).

AGS : acide gras saturé.

AHA : amines aromatiques (produit néoformé lors de la cuisson d'aliments riches en protéines).

AHC : amines hétérocycliques (produit néoformé lors de la cuisson d'aliments riches en protéines).

ALA : acide alpha-linolénique : oméga-3, précurseur des oméga-3 à longue chaîne.

Anses : Agence nationale de sécurité sanitaire de l'alimentation, de l'environnement et du travail.

AOP : Appellation d'origine protégée.

ARA : acide arachidonique.

CCAF : comportements et consommations alimentaires en France.

CIRC : Centre international de recherche sur le cancer.

CLA ou ALC : acides linoléiques conjugués.

CNA : Comité national de l'alimentation.

COP 21 : Conférence de Paris de 2015 sur le changement climatique.

Credoc : Centre de recherche pour l'étude et l'observation des conditions de vie.

DALY : *disability adjusted life years*, ou espérance de vie corrigée de l'incapacité (EVCI).

DFD : *dark firm dry*, viandes à coupes sombres, fermes et sèches.

DGAL : Direction générale de l'alimentation (au ministère de l'Agriculture et de l'Alimentation).

DGCCRF : Direction générale de la concurrence, de la consommation et de la répression des fraudes.

DGS : Direction générale de la santé.

DHA : AGPI docosahexaénoïque (oméga-3 à longue chaîne).

DJA : dose journalière admissible.

EFSA : Agence européenne de sécurité alimentaire, *European Food Safety Authority*.

Ensaia : École nationale supérieure d'agronomie et des industries alimentaires.

EPA : acide eicosapentaénoïque (AGPI oméga-3 à longue chaîne).

ETM : élément-trace métallique.

ESCo : expertise scientifique collective.

EUROP : classement des carcasses bovines et ovines en Europe selon leur conformation, E étant la meilleure conformation.

FAO : Organisation des Nations unies pour l'alimentation et l'agriculture.

GES : Gaz à effet de serre.

GIEC : Groupe d'experts intergouvernemental sur l'évolution du climat.

HAP : hydrocarbures aromatiques polycycliques (produits néoformés lors de la cuisson d'aliments au contact du gras avec une flamme).

HPP : *high pressure processing*, traitement par hautes pressions.

HR : *hazard ratio*, ou impact sur le risque.

HVE : haute valeur environnementale.

IC : intervalle de confiance.

IGP : Indication géographique protégée.

INAO : Institut national de la qualité et de l'origine.

INRAE : Institut national de recherche pour l'agriculture, l'alimentation et l'environnement.

Kg ec (ou tec) : kilogramme équivalent carcasse (ou tonne-équivalent carcasse).

LA : acide linoléique (oméga-6 à longue chaîne).

LR : Label rouge.

MAMA : maladie d'Alzheimer et maladies apparentées.

MCV : maladies cardio-vasculaires.

MSA : Meat Standards Australia (système de classement des carcasses bovines en Australie).

OCDE : organisation de coopération et de développement économiques.

OCO : organismes certificateurs.

OGM : organisme génétiquement modifié.

OMS : Organisation mondiale de la santé, World Health Organization.

Oqali : Observatoire de la qualité des aliments.

PAI : produits alimentaires intermédiaires.

PCB : polychlorobiphényles (contaminants chimiques, bioaccumulables et persistants dans l'environnement).

PCR : amplification en chaîne par polymérase (*polymerase chain reaction*).

PNNS : Programme national nutrition santé.

POP : polluants organiques persistants.

PSE : *pale, soft, exsudative*, viande pâle, molle et exsudative ou viande pisseuse.

RR : risque relatif.

SIQO : Signes officiels d'identification de la qualité et de l'origine.

STG : Spécialité traditionnelle garantie.

TB : taux butyreux du lait (matière grasse).

TIAC : toxi-infection alimentaire.

TP : taux protéique du lait.

UE : Union européenne.

UFN : unité fonctionnelle nutritionnelle (contribution de 100 g d'aliment à la couverture, sans excès, des besoins quotidiens en énergie et en nutriments pour l'être humain).

UHT : ultra-haute température (traitement thermique permettant de stériliser, le plus souvent appliqué au lait de consommation).

WCRF : World Cancer Research Fund International, ou Fonds mondial de recherche contre le cancer.

Glossaire

Antibiorésistance : résistance aux traitements antibiotiques des micro-organismes se développant suite à l'utilisation d'antibiotiques.

Antioxydant : molécule qui sert à éviter l'oxydation et donc les effets délétères de celle-ci.

Biodisponibilité : facilité d'absorption du nutriment fourni par un aliment au cours de la digestion.

Bioefficacité : efficacité des nutriments contenus dans un aliment à couvrir en quantité les besoins nutritionnels de l'être humain.

Blockchain : système de traçabilité basé sur les nouvelles technologies du numérique permettant la transparence sur les modes de production.

Caillebotis : sol perforé qui facilite l'écoulement des déjections animales, utilisé en bâtiment d'élevage.

Conformation : état de développement musculaire d'une carcasse, classé suivant le référentiel EUROP.

Cracking : fractionnement des matières premières alimentaires en différents nutriments et molécules aux fonctionnalités spécifiques.

Écoconception : conception d'un produit cherchant à respecter les principes du développement durable.

Effet cocktail : effet résultant de l'interaction d'un contaminant avec un ou plusieurs autres contaminants.

Egalim : nom de la loi pour l'équilibre des relations commerciales dans le secteur agricole et une alimentation saine et durable, promulguée le 30 octobre 2018 et publiée à la suite des États généraux de l'alimentation.

Fardeau sanitaire : impact des dangers microbiologiques sur la santé humaine.

Fer héminique : forme de fer présente dans la viande et les poissons, plus disponible lors de la digestion que le fer non héminique, efficace contre l'anémie.

Gaping : défaut de déstructuration de la chair de poisson, correspondant à un détachement des feuillets musculaires, faisant apparaître des trous dans le filet.

Jutosité : caractère juteux de la viande et de la chair de poisson.

Locavore : consommateur se fournissant de manière locale.

Méta-analyse : analyse scientifique reprenant et synthétisant l'ensemble des résultats d'études scientifiques sur un sujet spécifique.

Néoformé : produit se formant au cours de la fabrication, la transformation ou la préparation culinaire ayant des effets potentiellement délétères sur la santé humaine.

Nitrosamine : composé N-nitrosé formé à partir de nitrite de potassium et de nitrate de sodium, qui est associé au cancer colorectal.

Oméga-3 : acides gras de la famille des acides gras poly-insaturés, favorables à la santé humaine. Teneurs élevées dans les poissons gras et dans les aliments issus d'animaux nourris à l'herbe ou avec des aliments riches en oméga-3. Ils sont également dénommés n-3.

Oméga-6 : acides gras de la famille des acides gras poly-insaturés. Teneurs élevées dans les œufs et la viande. Nutriment essentiel donc à apporter à travers l'alimentation, mais sans excès. Il sont également dénommés n-6.

Ovoproduits : produits issus de la séparation du blanc et du jaune d'œuf et/ou de leur préparation, peut être de première transformation (destinée aux agro-industriels) ou de seconde transformation (destinée aux consommateurs).

Péroxydation des lipides : d'une part, est responsable du rancissement des aliments et, d'autre part, dans l'organisme, elle cause des dommages tissulaires en présence de molécules oxydantes. Les antioxydants réduisent ces effets délétères.

Référentiel EUROP : la conformation de la carcasse correspond au niveau de développement musculaire. Elle est décomposée en 5 classes : E, U, R, O, P. Les lettres sont classées dans un ordre décroissant de niveau de développement musculaire. Plus l'animal a un développement musculaire important, plus la carcasse est valorisée (classée E ou U).

pH ultime (pHu) : mesuré sur la carcasse après abattage, le pH ultime est un indicateur de qualité de la viande.

Race (ou souche) mixte : race sélectionnée à la fois pour la production de viande et pour la production de lait ou d'œufs. Dans l'aviculture, ces souches sont aussi appelées « lignées à double finalité ».

Réaction de Maillard : réaction chimique complexe observée à la cuisson conduisant à la formation de molécules aromatiques et pigments bruns caractéristiques des aliments chauffés et aussi à des composés néoformés cancérogènes.

Séquençage : identification des caractéristiques génétiques (ADN).

STEC : Shiga-toxine *Escherichia coli*.

Triploïdie : présence de trois chromosomes (au lieu de deux chromosomes généralement). La triploïdie est induite sur les poissons de façon à améliorer leurs performances.

Typicité : caractéristique d'un aliment qui le relie à un terroir particulier.

Viande de boucherie : viande non transformée vendue à la coupe, sous forme brute ou hachée d'espèces bovine, ovine, caprine, chevaline ou porcine. La volaille est exclue de cette catégorie.

Viande transformée : viandes qui ont été transformées par des procédés de salage, séchage, fermentation ou fumage pour améliorer le goût ou la conservation. Au niveau international, les viandes transformées incluent les viandes appertisées, alors qu'au niveau français, elles correspondent quasi exclusivement aux charcuteries.

White striping : défaut de déstructuration du filet de volaille (stries blanches).

Wooden breast : défaut de déstructuration du filet de volaille (zone dure).

Annexes

Annexe I. Composition moyenne des produits animaux étudiés

Constituants/ 100 g de produit frais	Chair de poisson		Viande de poulet		Viande de porc		Viande bovine		Lait			Œuf
	Filet de saumon	Filet de truite	Filet sans peau	Cuisse	Filet	Côte	Tende de tranche	Paleron	Vache	Chèvre	Brebis	Poule
Énergie (kcal)	194	133	[illegible]	114	117	164	116	144	65,1	56,1	103	140
Eau (g)	66,5	73,9	[illegible]	76	74,4	69,5	74,8	72,3	87,5	87	82,2	76,3
Protéines (g)	20,5	19,3	[illegible]	19,3	21,2	19,8	23,1	21,2	3,32	3,39	5,56	12,7
Glucides (g)	Traces	Traces	[illegible]	0	0	0,38	0,57	0	4,85	4,35	4,5	0,27
Lipides (g)	12,4	6,22	[illegible]	4,05	3,6	9,3	2,34	6,54	3,63	2,83	6,97	9,83
Sucres (g)	0	0	[illegible]	0	0	0	0	0	4,2	4,35	4,5	
Cendres (g)	1,22	1,28	[illegible]	0,98	1,1	0,98	1,05	1,19	0,7	0,8	0,96	0,96
AG saturés (g)	2,15	1,25	[illegible]	1,03	1,43	3,75	0,8	2,59	2,4	1,8	4,8	2,64
AG mono-insaturés (g)	4,9	2,22	[illegible]	1,3	1,56	4,3	0,82	2,61	0,92	0,76	1,6	3,66
AG poly-insaturés (g)	4,17	2,45	[illegible]	0,98	0,4	1,01	0,19	0,35	0,11	0,12	0,3	1,65
AG laurique (g)	0,008	0,002	[illegible]033	0,015	0,002	0,0073	0	0,0044	0,12	0,1	0,25	< 0,05
AG myristique (g)	0,4	0,19	[illegible]086	0,023	0,052	0,15	0,044	0,15	0,41	0,25	0,65	0,024
AG, palmitique (g)	1,25	0,81	[illegible]	0,71	0,83	2,12	0,47	1,42	1,19	0,68	1,53	1,96
AG stéarique (g)	0,31	0,19	[illegible]094	0,26	0,46	1,22	0,23	0,81	0,32	0,33	0,9	0,65
AG (n-9), oléique (g)	2,56	1,43	[illegible]58	1,02	1,36	3,39	0,64	2,05	0,73	0,76	1,26	3,51
AG (n-6), linoléique (g)	1,15	0,73	[illegible],31	0,62	0,36	0,81	0,068	0,13	0,062	0,087	0,18	1,38
AG (n-3), alpha-linolénique (g)	0,32	0,28	[illegible]013	0,025	0,02	0,043	0,014	0,031	0,014	0,029	0,073	0,061

AG (n-3) DHA (g)	0,88	0,66	0,012	0,026	0	0,002	0,002	0	< 0,003	0	0	0,09
Cholestérol (mg)	53,6	54,8	65	81	63,3	56,4	61,5	67	12,5	11	27	398
Sel (NaCl) (g)	0,16	0,1	0,13	0,23	0,18	0,12	0,078	0,12	0,11	0,13	0,11	0,31
Calcium (mg)	5,84	17,1	8	10,3	6,38	7,05	7,93	7,45	120	134	199	76,8
Cuivre (mg)	< 0,1	< 0,1	0,038	0,061	0,095	0,087	0,061	0,087	< 0,01	0,05	0,011	0,055
Fer (mg)	0,48	0,5	0,63	0,99	0,93	0,66	2,75	2,5	0,01	0,05	0,46	1,88
Iode (µg)	8,21	9,23	–	–	–	–	–	–	< 20	15,3	23,3	21
Magnésium (mg)	27,4	27,5	26,5	22,3	27,1	22,2	17	25	9,8	14	17,1	11
Manganèse (mg)	< 0,1	< 0,1	0,014	0,019	0,014	0,011	0,006	0,012	< 0,01	0,0053	0,018	0,027
Phosphore (mg)	181	188	218	173	237	463	196	223	97	111	158	204
Potassium (mg)	358	410	293	229	416	350	329	343	160	204	103	134
Sélénium (µg)	16,5	9,75	–	–	8,48	‹40	10,1	10,2	1,28	2	3	< 2,58
Sodium (mg)	45,4	41,8	54,6	92	72,3	49,2	31,1	49	44,2	50	44	124
Zinc (mg)	0,36	0,44	0,67	1,8	2,53	2,31	3,46	5,51	0,37	0,3	0,54	1,01
Rétinol (µg)	4,27	13,5	7,5	16,7	0	3	3	3	31,4	35,2	20,3	182
Bêta-carotène (µg)	< 0,008	< 0,008	0	0	0	0	0	0	21,9	0	0	0
Vitamine D (µg)	3,69	5,92	0	0	0,36	0,6	0,4	0,1	< 0,25	0,06	0,2	1,88
Vitamine E (mg)	1,89	1,94	0,39	0,2	0,16	0,13	0,23	0,2	0,089	0,04	0,15	1,43
Vitamine C (mg)	1,8	–	–	–	–	–	–	–	< 0,5	1,3	4,2	0
Vitamine B1 (mg)	0,21	0,14	0,08	0,079	0,98	0	0,06	0,08	0,041	0,048	0,057	0,055
Vitamine B2 (mg)	0,076	0,1	0,13	0,18	0,28	0,18	0,18	0,21	0,17	0,14	0,34	0,45
Vitamine B3 (mg)	8,25	5,54	9,91	5,9	5,8	4,99	5,21	3,67	< 0,1	0,28	0,42	0,063
Vitamine B5 (mg)	0,95	1,51	1,17	1,2	0,81	0,81	0,63	0,86	0,43	0,31	0,41	1,57
Vitamine B6 (mg)	0,58	0,34	0,68	0,35	0,58	0,41	0,51	0,27	0,02	0,046	0,06	0,15
Vitamine B9 (µg)	20,8	9,23	6,5	7,67	2,35	0	5,5	3	< 2,5	1	9,19	34
Vitamine B12 (µg)	3,95	2,54	0,3	0,42	0,58	0,35	1,16	2,77	0,24	0,07	0,71	1,45

Source : base Ciqual. Les cases grisées soulignent les caractéristiques les plus significatives.

Annexe II. Synthèse des propriétés de produits bruts

Tableau A. Synthèse des propriétés du lait et enjeux à partir de la revue de littérature.

Propriétés	Critères	Déterminants	Enjeux, controverses et incertitudes
Propriétés sanitaires	Peu de cellules somatiques et de germes totaux Pathogènes : *Staphylococcus aureus, Listeria monocytogenes* et *E. coli* STEC	Mammite, état de santé de l'animal, niveau de production élevé, mauvaises conditions de vie, hygiène lors de la traite, déséquilibres alimentaires, conditions de vêlage Environnement et moyens de conservation	Débat sur la réduction systématique de la charge microbienne, car elle génère de la diversité organoleptique pour les fromages et a de possibles effets favorables sur les allergies et contre les pathogènes Connaissances insuffisantes sur la composition microbiologique du lait et certains contaminants (mycotoxines, résidus de pesticides...)
	Dioxines, furanes et PCB	Contaminations *via* les fourrages, l'environnement et le sol	
Propriétés nutritionnelles	Protéines, caséines (teneurs et nature)	Race, individu. En fin de lactation, la teneur en protéines augmente et celle de caséines diminue. L'alimentation influence la teneur en protéines mais peu leur nature	Nature de l'apport complémentaire (colza, soja, lin en graine ou huile ou encapsulé) Antagonisme entre AGPI et taux butyreux (TB) Les effets des huiles essentielles ne sont pas validés Dégradation des apports de vitamines (B2 et B9) dans le rumen. Connaissances fragmentaires sur les vitamines : facteurs de variation des vitamines A, E bien connus, mais moins pour les vitamines B, D et K Peu d'études sur les minéraux et leurs facteurs de variation
	Composition variable en AG	Richesse en AGPI et ALA : nature des fourrages (pâturage de montagne › pâturage de plaine › ensilage d'herbe ou foin › ensilage maïs) Autres facteurs : race, individu, stade et rang de lactation, saison et température. Pas d'effet des pratiques de traite	
	Vitamines A, D, E, B9, B12 et K (plantes et bactéries du tube digestif) Teneur en minéraux mal connue	La race influe beaucoup sur vitamines B12, C et D Vitamine A : apport par herbe ; vitamines E et B9 : suppléments alimentaires Les concentrés diminuent la teneur en vitamines B2 et B9 Les minéraux proviennent exclusivement de l'alimentation Fer, cuivre, iode et zinc sont quasi invariables. Le stade de lactation, la santé de la mamelle et la saison (› 28 °C) jouent sur certains minéraux	

Propriétés organoleptiques	Couleur jaune (caroténoïdes, riboflavine) Texture épaisse, crémeuse ou fluide Odeur, saveur	Race et alimentation. Teneur en bêta-carotène dans : herbe verte > herbe conservée > foin > ensilage maïs. Flaveur plus forte au pâturage. Possibles défauts de flaveur avec ensilage. Certains suppléments lipidiques apportent un goût de poisson	Pas d'effet de la composition botanique des prairies (inférieur au seuil de perception observé pour le fromage ; chapitre 4)
Propriétés technologiques	Aptitude à la coagulation (temps, fermeté du gel) Rendement fromager Intégrité des globules gras et protéines Flore microbienne, teneur en caséines	Coagulation : caractéristiques des animaux (cellules somatiques, génétique, race) ; teneur en eau du fromage ; taille des globules gras et TP du lait. Temps de coagulation dépend du pH du lait et de la technique de maturation Intégrité des globules gras : facteurs d'élevage (machine à traire, fréquence traite...) et de l'alimentation, intégrité des protéines diminue si stockage long Le défaut de flore provient du défaut d'hygiène	Équilibre à trouver entre risques sanitaires et effets protecteurs potentiels
Propriétés commerciales	Teneur en TB et TP, cellules somatiques et germes totaux	TB et TP : espèce, race, forte variabilité individuelle ; stade lactation (pas le nombre de gestations) ; saison (lait plus riche en TP l'hiver) et densité énergétique des rations (TB diminue lorsque la proportion de concentrés dans la ration augmente) ; pratique de traite (la monotraite augmente les TB et TP ; le robot tend à baisser le TB)	Valorisation des veaux mâles
Propriétés d'image	Bien-être des vaches, rétribution des éleveurs, naturalité du lait, impacts environnementaux, origine, valeur AOP	Image positive de l'élevage à l'herbe (*vs* stabulation) et plus généralement de l'élevage extensif (*vs* élevage intensif sans pâturage) Taille des troupeaux Image positive du lait de montagne, du lait bio et des AOP	Élevage des veaux (séparation mère-veau à la naissance) Mouvements anti-lait

TB : taux butyreux ; TP : taux protéique.

Tableau B. Synthèse des propriétés des viandes bovine et ovine et enjeux à partir de la revue de la littérature.

Propriétés	Critères	Déterminants	Enjeux, controverses et incertitudes
Propriétés sanitaires	Les *E. coli* STEC sont le risque biologique majeur Bactéries : *Salmonella* Parasites : *Taenia sagginata* Contaminants chimiques dans l'aliment et l'environnement Oxydation et néoformés ; risque minime de résidus (médicament, désinfectant)	Hygiène et propreté des animaux ; stress des animaux en pré-abattage Risque de végétaux contaminés dans alimentation Hygiène à l'abattoir Conditions de refroidissement, de maturation et de conditionnement ; maîtrise de la chaîne du froid Cuisson (effet sur les produits d'oxydation et néoformés)	Risques liés à la consommation de viande hachée crue ou insuffisamment cuite Conservation longue durée sous vide de la viande bovine
Propriétés nutritionnelles	Bonne source de protéines et d'acides aminés indispensables (bonne digestibilité), zinc, fer, sélénium, B, B6, B12 Composition en AG : AGS et AGMI majoritaires, AGPI : 9-12 % dans viande bovine et 12-15 % dans viande ovine	Espèce, race, individu, âge, alimentation, mode d'élevage, oméga-3, minéraux et antioxydants (pâturage et type de pâturage) Viande produite à l'herbe plus riche en composés d'intérêt nutritionnel (oméga-3, CLA, vitamines A, E), encore plus sur prairies de légumineuses et prairies diversifiées Digestibilité peu modifiée par cuisson	Rapport AGPI/AGS, rapport oméga-6/oméga-3, protection des AGPI contre la peroxydation (rancissement, détérioration de la couleur, formation de produits délétères pour la santé) Unanimité sur effets positifs d'une finition des animaux au pâturage
Propriétés organoleptiques	Couleur (myoglobine)	Type de muscle, espèce, race, sexe, âge, individu, stress pré-abattage, pH *post mortem*, pâturage (couleur de la viande et du gras), conservation	Effets parfois conjoints (âge et mode d'élevage) Stabilité de la couleur en conservation sous forme de portions
	Jutosité	Teneur en lipides intramusculaires et capacité de rétention d'eau, âge, race, type sexuel, alimentation, muscle, stress pré-abattage, mode de cuisson	
	Tendreté	Teneur en lipides intramusculaires, teneur et solubilité du collagène, stress pré-abattage et refroidissement *post mortem*, maturation, individu, race, âge, type sexuel, muscle, procédés de transformation, conservation et cuisson	Effets non linéaires, difficile de distinguer les facteurs entre eux

	Flaveur	Composition en AG, teneurs en composés odorants (scatol, indole pour viande ovine), mode d'élevage (flaveur plus forte animaux à l'herbe), race, âge, type sexuel, muscle, maturation, mode de conservation et cuisson. Pas de seuil absolu pour la perception défavorable de la flaveur (ovin)	Effets parfois conjoints (âge et mode d'élevage) Pas de comparaison entre évaluations odeur/flaveur et acceptabilité par les consommateurs (viande ovine). Variabilité individuelle importante pour une même conduite d'élevage, mais peu d'études sur héritabilité (viande ovine)
Propriétés technologiques	Capacités de rétention d'eau et aptitudes à la conservation	Race, pH *post mortem*, maturation, refroidissement, effet partiel du mode d'élevage : réserves en glycogène, exercice physique, jeûne, durée du transport	Incertitudes quant à l'effet de l'exercice physique lié au pâturage
Propriétés commerciales	Poids, conformation et état d'engraissement de la carcasse Fermeté et couleur du gras de couverture chez les ovins	Race laitière ou allaitante ou rustique, mode d'élevage (âge, degré de finition), type sexuel. Poids à la naissance chez les ovins	Grille de paiement EUROP qui ne favorise pas la montée en gamme des propriétés organoleptiques et nutritionnelles n'entrant pas dans les critères de rémunération à l'éleveur
Propriétés d'image	Bien-être, environnement, mode d'élevage, naturalité, origine, contribution au développement territorial, proximité, valeur cultuelle	Mode d'élevage (à l'herbe *vs* en bâtiments) et plus largement système d'élevage (extensif ou intensif ; plaine ou montagne), conditions d'abattage, signes de qualité	Différences entre déclaratif et comportement d'achat Évaluation complexe de l'impact environnemental : critères nombreux, unités fonctionnelles débattues

Tableau C. Synthèse des propriétés de la viande de porc et enjeux à partir de la revue de la littérature.

Propriétés	Critères	Déterminants	Enjeux, controverses et incertitudes
Propriétés sanitaires	Dangers microbiens : *Y. enterocolitica*, *Salmonella*, *Campylobacter* et *Listeria*. Parasites : *Trichinella*, *Toxoplasma* ; hépatite E	Biosécurité, hygiène (nettoyage/désinfection), pratiques d'élevage (mélange d'animaux, le plein air augmente le risque de parasitisme) ; alimentation ; pratiques d'abattage (transport, attente) et de transformation	Risques épidémiques Forte réduction de l'utilisation des antibiotiques en élevage Risque d'hépatite E (mauvaise cuisson du foie) Manque de connaissances sur les potentiels effets cocktails Études à approfondir sur les néoformés à la cuisson
	Dangers chimiques : oxydation et néoformés ; risque minime de résidus (médicament, désinfectant)	Hygiène ; risque de végétaux contaminés dans l'alimentation ; cuisson (effet sur les produits d'oxydation et néoformés)	
Propriétés nutritionnelles	Protéines : acides aminés indispensables Lipides : 1-4 % dans les principaux muscles, 4-40 % dans les charcuteries AGMI majoritaires, AGPI faibles Antioxydants (dont vitamine E, sélénium...) protègent les lipides et protéines de l'oxydation	Teneur en protéines et profil d'acides aminés : stables Lipides, vitamines dépendent du type sexuel et génétique ; conduite alimentaire : niveau d'apport, nature des lipides (source d'AGPI) ; conditions élevage : température, pâturage (augmente vitam. E et oméga-3) ; type de muscle ; âge et poids à l'abattage (augmente les AGS et AGMI ; diminue les AGPI) ; oxydation : conservation, cuisson	Recherche sur l'alimentation pour optimiser le profil en AG des viandes L'apport alimentaire en oméga-3 se répercute sur les produits transformés Antagonisme entre propriétés nutritionnelles (oméga-3) et technologiques (aptitude à la transformation et à la conservation des gras) Modèles mathématiques prédictifs à affiner pour optimiser les différentes propriétés
Propriétés organoleptiques	Texture : tendreté, jutosité	Type génétique, type de muscle ou pièce, conditions d'élevage (effet modéré), de pré-abattage et d'abattage, maturation de la viande, mode de cuisson Pour la tendreté : sexe (mâle castré et femelle plus tendre), alimentation (effet modéré)	Antagonisme entre l'augmentation de la teneur en muscle et la présence d'un gène délétère : développement de lignées non porteuses du défaut Effet variable selon la saison, la conduite alimentaire... Flaveur, tendreté et jutosité peuvent être antagonistes Organoleptique renforcé par les systèmes extensifs (races locales) Arrêt de la castration à vif : études pour détecter les odeurs indésirables à l'abattage, pas d'association directe entre les niveaux de composés odorants et l'acceptabilité par les consommateurs
	Flaveur globale Odeur indésirable de certaines viandes de porcs mâles entiers (teneurs en androstérone, scatol, indole)	Type génétique et sexuel, type de muscle, alimentation (nature des lipides, antioxydants), durée de maturation et de congélation (risque d'oxydation), cuisson Défauts d'odeur de mâles entiers (perception variable selon les consommateurs) : âge, poids, génotype, alimentation, propreté, teneur en gras, préparation	

Propriétés technologiques	Aptitude à la transformation (charcuteries, salaisons : capacité rétention en eau) ; en particulier des gras (consistance, cohésion, faible sensibilité à l'oxydation) Aptitude à la conservation Défauts : viande PSE[1], déstructurée, DFD[2]	Transformation : type génétique ; conditions d'élevage (effets modérés) ; alimentation en fin d'élevage ; conditions de pré-abattage, abattage et réfrigération des carcasses Tissus gras : type génétique et sexuel, âge/poids d'abattage ; alimentation et conditions d'élevage Les indicateurs principaux des propriétés technologiques et organoleptiques sont communs et corrélés (exsudation, pH…)	Viande déstructurée : origine multifactorielle, adaptation des procédés mais étiologie du défaut encore non élucidée ; recherche de prédicteurs du défaut Tissus gras : orienter les tissus vers différentes utilisations selon leurs lipides pour gérer l'antagonisme entre propriétés technologique (AGS) et nutritionnelle (oméga-3)
Propriétés commerciales	Poids et teneur en maigre des carcasses (teneur en muscle des pièces) Décote pour les mâles entiers Systèmes d'évaluation propres aux races locales	Type génétique et alimentation : facteurs majeurs modulés selon le type sexuel, le poids d'abattage et les conditions d'élevage Alimentation : restriction alimentaire en finition Apport contrôlé en acides aminés pour contrôler l'adiposité Modes de production alternatifs : associés à une plus grande variabilité (poids, adiposité)	Teneur en maigre des carcasses reste prioritaire (paiement aux éleveurs). Antagonisme performances zootechniques et propriétés commerciales face aux propriétés technologiques et organoleptiques Enjeu : adaptation des apports nutritionnels aux besoins selon le stade de croissance et l'animal
Propriétés d'image	Diversité de produits, culture des charcuteries traditionnelles Image favorable des systèmes alternatifs	Respect de l'environnement, bien-être animal, utilisation d'intrants (médicamenteux) Élevage en plein air, réhabilitation des races rustiques	Image négative de la « production intensive » Considération du bien-être animal s'accroît, l'arrêt de la castration à vif est acté (2022)

1. PSE : *pale, soft, exsudative* ; 2. DFD : *dark firm dry*.

Tableau D. Synthèse des propriétés de la viande de volailles et enjeux à partir de la revue de littérature.

Propriétés	Critères	Déterminants	Enjeux, controverses et incertitudes
Propriétés sanitaires	Contaminations par *Salmonella*, *Campylobacter*, *Listeria monocytogenes*	Hygiène, âge, conditions d'élevage et d'abattage, saison (été, automne), conservation et cuisson à domicile	Augmentation des cas de campylo-bactérioses Absence de données sur les liens entre modes de production et prévalence pour la salmonellose (EFSA)
	Résidus de produits vétérinaires, pesticides, mycotoxines, dioxine, métaux lourds	Localisation de l'élevage, salubrité des bâtiments, végétaux contaminés dans l'alimentation Les poulets bio (durée d'élevage plus longue et accès à l'extérieur) ont plus de risques d'exposition aux contaminants environnementaux	Lutte contre l'antibiorésistance (– 20 % des antibiotiques administrés après règlement UE 2011) Manque de connaissances sur les résidus chimiques dans la viande et sur les effets cocktails entre ingrédients et contaminants
Propriétés nutritionnelles	Protéines : 25 % dans le filet et 18 % dans la cuisse Minéraux : 1,1 % sodium et magnésium Lipides : 1,3 % dans le filet et 4,5 % dans la cuisse	Teneurs en protéines et minéraux peu variables Teneur en lipides et profil en AG dépend de système de production, de l'espèce, de l'individu, de l'alimentation (oméga- 3) et des supplémentations (zinc, sélénium, vit. E)	Effort de la recherche pour augmenter la teneur en oméga-3 Interrogation sur l'origine des aliments (importations) et additifs alimentaires
Propriétés organoleptiques	Couleur	Âge, alimentation (caroténoïdes), type de muscle, conditions d'abattage et *post mortem*	Défauts de qualité des filets (*wooden breast* et *white striping*) Antagonisme entre enrichissement en AG n-3 (huile poisson et lin) et odeur (rance) si l'enrichissement est trop élevé
	Jutosité	Âge, génotype, maturation *post mortem*	
	Tendreté	Âge, type de muscle (collagène et fibres), souche	
	Flaveur	Alimentation (lipides, antioxydants), souche, âge, conditions de conservation *post mortem*	
Propriétés technologiques	Capacité de rétention en eau ; % de perte de matière ; aptitude à la découpe et à la conservation	Souche, âge, pH *post mortem*, alimentation (antioxydants), conditions pré et post-abattage, conformation	Défauts de qualité des filets Avenir du poulet vendu en carcasse entière et devenir des restes de carcasse après découpe
Propriétés commerciales	Poids vif à l'abattage, rendement et aspect de la carcasse, rendement en filet	Souche, âge, conditions d'élevage, transport et abattage	Usage des muscles hors filets Répartition de la valeur entre acteurs
Propriétés d'image	Intérêt nutritionnel, peu d'interdit religieux, bien-être animal, usage des antibiotiques Conditions de production (environnement)	Mode d'élevage ; signes de qualité ; éducation, médias, étiquetage	Acceptabilité des élevages intensifs, durabilité des modes d'élevage (occupation de terres arables)

Tableau E. Synthèse des propriétés des œufs et enjeux à partir de la revue de littérature.

Propriétés	Critères	Déterminants	Enjeux, controverses et incertitudes
Propriétés sanitaires	Salmonelles (forte prévalence) Allergies (prévalence de 1,6 à 3,2 %)	Pratiques d'hygiène. Prévalence dans le cheptel, probablement liée à la densité et à la taille des élevages	Utilisation de l'œuf en tant qu'ingrédient cru Possible augmentation de la prévalence dans le cheptel Effet de la densité pas encore démontré
	Contaminants chimiques : dioxines, PCB, éléments-traces métalliques	Système d'élevage : contamination accrue avec les parcours extérieurs, surtout chez les particuliers Conduite de l'élevage Bioaccumulation dans l'organisme de la poule au cours du temps	Crise liée à la contamination de l'aliment. Présence d'anciennes industries en Europe comme source de contamination (PCB et dioxines) : pose la question des besoins en diagnostic environnemental ?
Propriétés nutritionnelles	Peu calorique (154 kcal/100 g), protéines à haute valeur biologique (12,3 g/100 g), lipides (11,9 g/100 g) très digestibles, toutes vitamines sauf C	Le rapport blanc/jaune dépend de l'origine génétique et de l'âge de la poule	Le débat sur le cholestérol reste important, malgré les études démontrant l'absence d'effet sur l'hypercholestérolémie (facteur secondaire)
Propriétés organoleptiques	Couleur : jaune très coloré	Reflet direct de l'alimentation (apport de caroténoïdes)	Critère important pour les consommateurs
	Flaveur	Alimentation, interaction avec génotype	Le mode d'élevage n'a pas d'effet direct, uniquement à travers l'alimentation
Propriétés technologiques	Aptitude au foisonnement (blanc), à l'émulsion (jaune) et coagulation à la cuisson Propriétés gélifiantes, viscosité	Âge de la poule (le vieillissement engendre une perte de la structure protéique favorable au foisonnement), souche utilisée, alimentation, qualité hygiénique de l'œuf cru indispensable, stockage après ponte (temps et température)	Peu d'études sur l'influence des systèmes d'élevage
Propriétés commerciales	Fraîcheur, taille de la chambre à air, intégrité de la coquille Couleur de la coquille (brun/blanc) Poids et calibre de l'œuf	Stockage après ponte (temps et température), âge de la poule, souche	
Propriétés d'image	Critique de l'élevage en cage	Système de production (AB et agroforesterie plébiscités par les consommateurs)	L'information claire sur le mode de production de l'œuf modifie la perception de la qualité du produit par les consommateurs, et oriente leurs actes d'achat

Tableau F. Synthèse des propriétés de la chair de poisson et enjeux à partir de la revue de littérature.

Propriétés	Critères	Déterminants	Enjeux, controverses et incertitudes
Propriétés sanitaires	Parasite, Vibrio pathogènes Contamination par *L. monocytogenes*	Zone de pêche, procédés de transformation, maîtrise de la chaîne du froid Produits à risque : tarama, crustacés décortiqués vendus cuits et poissons crus	
	Contaminants chimiques : mercure, PCB, PCDD/F (et additifs) Nouveaux contaminants (HAP, pesticides, mycotoxines) Histamine	Source varie selon le système d'élevage : gradient entre utilisation de la chaîne trophique aquatique (extensif) et milieu artificialisé (intensif), et selon l'alimentation (huile/farine de poisson *vs* aliments d'origine végétale)	Controverses sur la contamination en élevage ou sauvage et sur l'origine géographique, quid de l'intérêt d'augmenter la consommation de poisson, maîtrise de la contamination de la matière première (substitution végétale), incertitude sur l'influence du mode de production (AB et LR)
Propriétés nutritionnelles	Protéines (16-22 %) : intérêt des AA essentiels Lipides (1-18 %), dont oméga-3 à longue chaîne Micronutriments	Teneur en protéines : stable au sein d'une espèce Teneur en lipides : très variable, selon espèce, génétique, saison d'élevage, teneur augmente avec taille, âge, alimentation (sur composition en AG) Micronutriments : alimentation et eau Vitamines : alimentation	Substitution farine/huile de poisson par des aliments d'origine végétale modifie le profil lipidique (à restaurer avant abattage par finition avec farine/huile de poisson) ; résultats divergents sur l'impact du système de production AB
Propriétés organoleptiques	Visuel : aspect, couleur	Espèce, génétique, présence de pigments (caroténoïdes pour les salmonidés), déterminisme nutritionnel et génétique, triploïdie favorable, âge, maturité sexuelle, alimentation, saison	Résultats hétérogènes sur le lien entre performance/rendement et propriétés organoleptiques Causes du *gaping* mal connues, déterminisme probablement multifactoriel Absence de données sur la variabilité de la présence d'arêtes Peu d'études sur le lien entre SIQO et propriétés organoleptiques
	Flaveur (odeur, saveur)	Espèce (eau douce ou de mer), fraîcheur et conservation, alimentation, flaveur anormale, goût de terre causé par micro-organismes	
	Texture, jutosité	Génétique, triploïdie, âge, structure musculaire, présence d'arêtes, environnement, maturité sexuelle, mise à jeun, saison (destruction du tissu musculaire, *gaping* plus fréquente au printemps et en été et stationnement)	

Propriétés technologiques	Aptitude à la découpe, conservation et cuisson	Stress, y compris à l'abattage	Pas de législation sur mise à mort des poissons Nouvelles technologies (atmosphère modifiée, additifs) pour la conservation Besoin de développer les connaissances culinaires
Propriétés commerciales	Calibre (croissance), état d'engraissement, poids	Individu (espèce, souche, âge), pratiques zootechniques (alimentation en quantité et qualité), environnement (température, photopériode, qualité d'eau)	Objectif : minimiser les pertes dues à la découpe Réduction du rapport protéines/lipides dans l'alimentation permet meilleure croissance mais augmente l'adiposité
	Rendements de découpe	Espèce, morphologie du poisson, génétique, âge, maturité sexuelle délétère, stérilité favorable (triploïde)	Critère de qualité majeur pour le choix d'une espèce pour l'aquaculture
	Malformation, squelette anormal très fréquent (30 à 100 %)	Facteurs d'élevage (carence en minéraux ou vitamines, manipulations et stress... surtout quand jeune), vitesse du courant, faible teneur en O_2 délétère	Apport alimentaire minéral limité pour respecter les normes environnementales de rejets
Propriétés d'image	Image naturelle et diététique, sans interdit religieux, bien-être animal et environnement	Fraîcheur, usage d'antibiotiques, densité, nature des aliments (origine marine) Conditions de production	Reproches au système intensif, développement des circuits en eau re-circulée, substitution des aliments d'origine animale par aliments d'origine végétale

Annexe III. Comparaison des engagements des cahiers des charges des SIQO et mentions valorisantes en lien avec les propriétés des produits animaux, basée sur les références officielles nationales (FR) et européennes (UE)

Signe ou mention	LR	AB	AOP	IGP	STG
Référence UE		RCE 889/2008 (qui sera complété par RUE 2018/1584) RCE 834/2007 (qui sera abrogé par RUE 848/2018)	RUE 1151/2012		
Référence FR	Code rural - R641-1 à -10 L641-2 à 4	Code rural - R641-26 à 31 L641-13	Code rural - R641-11 à 21 L641-5 à10	Code rural - R641-11 à 21 L641-5 à10	Code rural - R641-11 à 21 L641-23
Sanitaire	–	« Limiter fortement l'utilisation des pesticides, qui peuvent entraîner la présence de résidus dans les produits agricoles » (RCE889 6) « Utilisation de procédés qui ne nuisent pas à l'environnement, à la santé humaine » (RCE834 II.3.c)	–	–	–
Organoleptique	« Ensemble distinct de qualités et de caractéristiques spécifiques établissant un niveau de qualité supérieure » (R641-2.8)	–	« Qualité/ caractéristiques essentiellement ou exclusivement dues au milieu géographique » (RUE1151 II.5.1.b)	« Qualité, réputation ou autre propriété attribuée essentiellement à origine géographique » (RUE1151 II.5.2.b)	« Denrée alimentaire spécifique (RUE1151 III.18.1) » « Spécificités : propriétés de production caractéristiques qui permettent de distinguer clairement un produit d'autres produits similaires » (RUE1151 I.3.5)
Nutritionnelle	–	–	–	–	–
Usage	« Qualités et caractéristiques spécifiques établissant un niveau de qualité supérieure » (R641-2.8)	–	–	–	–
Technologique	–	–	–	–	–
Commerciale	–	–	–	–	–

Image	« Mode de valorisation de la qualité et de l'origine » (Code rural VI.IV.1)	« Viser à produire des produits de haute qualité » (RCE834 II.3.b) « Préserver et justifier la confiance des consommateurs » (RCE834 3) « Permettre une concurrence loyale et un bon fonctionnement du marché intérieur » (RCE834 3) « Contribuant au développement rural » (RCE834 3) « Maintient et améliore la santé du sol, de l'eau, des végétaux et des animaux » (RCE834 II.3.a.i) « Assurer un niveau élevé de bien-être animal » (RCE834 II.5.h)	« Garantir une concurrence loyale et conférant une valeur ajoutée » (RUE1151 1.1.a) « Profitable à l'économie rurale » (RUE1151 4) « Assurant des revenus équitables » (RUE1151 II.4.a) « Sauvegarder les méthodes de production et recettes traditionnelles » (RUE 1151 III.17)

Signe ou mention	Produit de montagne	Fermier	Haute valeur environnementale
Référence UE	RUE 1151/2012 (mention de qualité)		
Référence FR	Complété par RUE 665/2014	RCE 543/2008 (volaille)	
Sanitaire	Code rural - R641-32 à 44 L641-14 à 17 Loi Montagne n° 85-30 de 1985 Décret 2000-1231	Code rural - D641-32 à 44 (œufs) et L641-19 Décret 2007-628 (fromage)	Code rural - R641-57 ; D617-1 à 4 ; L641-19-1
Organoleptique	–	–	« Ne fait pas état de qualités sanitaires particulières » (R641-57-2)
Nutritionnelle	–	–	« Ne fait pas état de propriétés organoleptiques particulières » (R641-57-2)
Usage	–	–	« Ne fait pas état de propriétés nutritionnelles particulières » (R641-57-2)
Technologique	–	–	–
Commerciale	–	–	–
Image	–	–	–
	« Garantir une concurrence loyale » (RUE1151 1.1.a) — « La mention apporte une valeur ajoutée » (RUE1151 IV.29.1.b) — « Profitable à l'économie rurale » (RUE1151 4)		
	« Zones de montagne se caractérisent par des handicaps significatifs » (loi 85-30 art. 3)	« Localisation des activités dans l'exploitation » (Décret 2007-628 art. 9)	« Valorisation de la démarche agroécologique » (Code rural L611-6)

Annexe IV. Méthodes d'authentification par type de produit selon l'objet de l'analyse

Objet		Méthode	Produits laitiers	Viande bovine	Viande ovine
Élaboration du produit	Conditions d'élevage contrastées	Acides gras	Herbe *vs* maïs ; herbe fraîche *vs* conservée ; nature de la prairie ; bio *vs* non bio	Herbe (pâturée ou ensilée) *vs* aliment concentré *vs* alternance herbe/concentré ; nature de la prairie	Agneau d'herbe *vs* de bergerie
		Vitamine E	Herbe *vs* fourrages conservés	Herbe *vs* concentrés	
		Caroténoïdes	Herbe *vs* concentré ou ensilage de maïs ; bio *vs* non bio	Herbe *vs* concentré ou ensilage de maïs	Agneau d'herbe *vs* de bergerie
		Composés volatils	Herbe fraîche *vs* conservée ; nature prairie pâturée	Herbe *vs* concentré ; veau : allaitement + foin *vs* herbe fraîche *vs* herbe coupée	Pâturage *vs* concentré
		Composés phénoliques	Herbe *vs* maïs ; herbe fraîche *vs* conservée ; nature des fourrages ; foin *vs* ensilage (herbe *vs* maïs) *vs* herbe pâturée	Herbe *vs* maïs ; herbe fraîche *vs* conservée ; nature des fourrages	
		Composés isotopiques	Maïs *vs* herbe ; proportion de maïs dans la ration ; pâturage ; bio *vs* non bio	Plantes en C_4 *vs* plantes en C_3 ; herbe *vs* maïs ; proportion de maïs dans la ration ; nature de la prairie (isotopes de l'azote + AG) ; bio *vs* non bio	Pâturage, régime à base de maïs grain ; légumineuses *vs* graminée ; proportion de légumineuses dans ration ; prairies montagne *vs* plaine
		Biomarqueurs protéiques		Alimentation en finition (pâturage *vs* enrubannage *vs* foin)	
		Spectrométrie	Pâturage *vs* fourrages conservés ou *vs* foin et ensilage d'herbe ; pâturage (› 70 % dans ration) *vs* zéro pâturage	Finition (pâturage *vs* ensilage maïs), pâturage *vs* concentré	Agneau : d'herbe *vs* de bergerie *vs* pâturage puis finition en bergerie ; alimentation de la mère
		Génomique fonctionnelle		Pâturage *vs* ensilage de maïs ; pâturage *vs* concentré ; pâturage *vs* finition au concentré après pâturage	

Élaboration du produit	Conditions d'élevage moins contrastées	Loi dose-réponse	% plantes en C$_4$ dans ration	Augmentation de maïs dans la ration	Ration non contrastée, prairie plaine *vs* montagne, proportion de légumineuse	
		Spectrométrie	Pâturage (herbe › 70 %) *vs* non pâturage	Reste à tester	Herbe *vs* bergerie *vs* pâturage puis bergerie	
	Conservation	Enzymatique		Congélation	Congélation	
	Adultération par substitution d'espèce	Dosage phytostérols		Substitution MG animale par végétale	Substitution MG animale par végétale	
		Électrophorèse (protéines)	Identification d'espèce	Substitution de muscle par collagène, identification d'espèce		
		Immunochimie	Mélange de lait d'espèces différentes	Substitution de protéine animale par végétale, identification d'espèce	Substitution de protéine animale par végétale, identification d'espèce	
		Chromatographie	Identification d'espèce	Identification d'espèce		
		Méthodes spectroscopiques		Substitution de muscle par des abats, identification d'espèce	Substitution de muscle par des abats, identification d'espèce	
		ADN (PCR)	Identification d'espèce	Identification d'espèce	Identification d'espèce	
Origine	Race/souche	ADN	Identification de races			
		Spectrométrie	Race non identifiable et bruit de fond important			
	Origine géographique	Acides gras, caroténoïdes, composés volatils	Régions proches, montagne *vs* plaine (acides gras)			
		Composition isotopique	Région d'origine	Pays et région d'origine	Région d'origine ; plaine *vs* montagne	
		Éléments-traces	Région d'origine	Région d'origine		
		Méthodes globales	Montagne *vs* plaine	Pays d'origine	Région d'origine	

Annexe IV. Suite

Objet		Méthode	Viande porcine	Viande de poulets	Poisson	Œufs
Élaboration du produit	Conditions d'élevage contrastées	Acides gras	Bio *vs* non bio	N'est plus discriminant depuis l'évolution de l'alimentation conventionnelle	Sauvage *vs* élevage	Bio *vs* non bio
		Caroténoïdes		Peu informative car alimentation supplémentée en caroténoïdes	Sauvage *vs* élevage	Bio *vs* plein air *vs* cage
		Composés volatils	Jambon sec ibérique *vs* français (et plus faiblement : herbe et glands *vs* aliment du commerce)	Génotype, durée d'élevage		
		Composés isotopiques	Alimentation, bio *vs* non bio	Proportion de maïs dans la ration	Sauvage *vs* élevage ; bio *vs* non bio	Plein air *vs* bâtiment
		Éléments-traces				Bio *vs* non bio
		Spectrométrie	Jambon sec ibérique premium *vs* non premium		Sauvage *vs* élevage	Bio *vs* plein air *vs* au sol *vs* cage
	Conditions d'élevage moins contrastées	Loi dose-réponse		Augmentation de maïs dans la ration		
		Spectrométrie	Classification de carcasse pour du jambon sec			
Transformation		Spectrométrie	Injection de solution salée, durée de maturation			
		Eau/protéines		Addition d'eau, refroidissement des carcasses	Addition d'eau	
		Méthode à définir	Marqueur de cuisson peu étudié	Marqueur de cuisson peu étudié	Marqueur de cuisson peu étudié	

Élaboration du produit	Conservation	Enzymatique	Congélatior	Congélation	Frais *vs* décongelé	
		Physiologique et physique			Frais *vs* décongelé	
		Spectrométrie, chromatographie		Congélation ; irradiation		Irradiation
	Adultération par substitution d'espèce	Dosage phytostérols	Substitutior MG animale par végétale	Substitution MG animale par végétale		
		Électrophorèse (protéines)	Substitution de muscle par collagène, identification d'espèce	Substitution de muscle par collagène, identification d'espèce	Identification espèce animale	
		Immunochimie	Substitution de protéine animale par végétale, identification d'espèce	Substitution de protéine animale par végétale, identification d'espèce	Identification d'espèce	Pollution chimique ou antibiotique
		Chromatographie	Identification d'espèce	Identification d'espèce	Identification d'espèce	
		Méthodes spectroscopiques	Substitution de muscle par des abats, identification d'espèce	Substitution de muscle par des abats, identification d'espèce	Substitution de muscle par des abats, identification d'espèce	
		ADN (PCR)	Identificatior d'espèce	Identification d'espèce	Identification d'espèce	
		Spectrométrie	Discriminaticn de différentes races	Discrimination de souches à croissance lente *vs* rapide		
		Composés volatils	Discrimination de différentes races			
		Composition isotopique	Origine de l'ingrédient sel	Pays d'origine		
		Éléments-traces	Pays d'origine	Région d'origine		
		Méthodes globales			Région d'origine	

Points de vigilance et limites				
	Indice	Faible	Moyen	Forte
Discrimination	Faible	o	o	o
	Moyen	+/–	+/–	+/–
	Forte	+ +	+	+

MG : matière grasse ; AG : acides gras ; en Europe, les plantes fourragères en C_4 sont le maïs et le sorgho, les autres plantes fourragères sont en C_3.

Annexe V. Bilan critique des points forts et faibles des différentes méthodes de mesure employées pour chaque propriété

Propriétés	Méthodes	Points forts	Points faibles
Organoleptiques	Analyses sensorielles par un jury (naïf ou expert), ou analyses instrumentales (ex. : colorimètre, olfactomètre, texturomètre). La flaveur et la jutosité ne peuvent être mesurées que par analyse sensorielle. Débat entre jurys entraînés ou jurys de consommateurs dits « naïfs » car résultats pas toujours concordants.	Analyse sensorielle : permet d'accéder à l'ensemble des critères organoleptiques et à leurs interactions. Analyses instrumentales : permettent d'apprécier chaque critère individuellement selon des mesures objectives et répétables, peu onéreuses mis à part l'investissement de l'équipement. Variabilité des préférences liée aux habitudes alimentaires ou culturelles, qui questionne l'extrapolation des résultats.	Analyse sensorielle : nécessite un jury, complexité de l'organisation des analyses et coût élevé. Basée sur une appréciation subjective. Analyses instrumentales : pas toujours représentatives du ressenti humain. Nécessite des compétences dans le traitement du signal. Méthodes invasives la plupart du temps. Manque de méthodes prédictives.
Nutritionnelles	Méthodes normalisées avec des références Afnor disponibles. Évolution des critères pris en compte, du fait de l'évolution des connaissances par exemple, controverses sur le cholestérol, remise en cause du lien entre consommation d'acides gras saturés et maladies cardio-vasculaires, évolution des recommandations. Les systèmes d'information nutritionnelle comme Nutri-Score permettent d'agréger les données liées à la nutrition.	Méthodes exhaustives de caractérisation de la composition des nutriments et de l'apport calorique. Compromis politique sur un score qui apporte un message nutritionnel global simple.	Pas de prise en compte de l'impact du mode de préparation avant consommation ; ni de la biodisponibilité des nutriments, ni de la complexité des repas/régimes alimentaires au sein desquels les aliments peuvent se compléter ou avoir des effets antagonistes. Limites d'un étiquetage nutritionnel agrégé.
Technologiques	Méthodes variées adaptées pour chaque classe de produit et chaque type de transformation. Ex. : la fraîcheur du poisson peut être évaluée de façon sensorielle ou bien par des méthodes microbiologiques. Certains critères physico-chimiques permettent de prévoir le comportement de la matière première (ex. : pH ultime pour les viandes).	Des critères physico-chimiques fiables et des valeurs associées ont été identifiés pour prédire l'aptitude à la transformation et à la conservation de certaines matières premières d'origine animale (viande, lait).	Pas ou peu de méthodes rapides, non invasives et fiables permettant de prédire précocement les propriétés technologiques de certaines matières premières (viande, poisson). Appréciation plus ou moins complexe selon la nature de l'aliment. Difficulté d'avoir des échantillons représentatifs (variabilité dans la filière viande).

Sanitaires	Techniques microbiologiques, chimiques, biochimiques, génétiques, immunologiques et sérologiques pour caractériser et dénombrer des micro-organismes et leurs produits. Les contaminants sont recherchés et quantifiés par des méthodes chimiques, biochimiques ou physiques spécifiques. Épidémiologie nutritionnelle et méthodes de toxicologie.	Techniques de détection précoce des microbes présents dans les prélèvements alimentaires, industriels.	Les cas sporadiques ne sont pas enregistrés.
Image	Outils de traçabilité, certification ou encore étiquetage environnemental, éthique… Des enquêtes de consommation ou socio-économiques évaluent ces outils. Le classement relatif de l'impact environnemental des produits est largement dépendant du type d'impact (global, local) et de l'unité fonctionnelle choisie.	Définition de contrôles dans les cahiers des charges. Laboratoires agréés. Traçabilité des systèmes de production. Des études récentes prennent en compte la qualité nutritionnelle du produit dans l'évaluation de l'impact climatique, en remplaçant l'émission de GES/100 g de produit par celle de GES/g de nutriments contenus dans 100 g de produit.	Les critères pris en compte sont difficiles à mesurer, à actualiser et à harmoniser (ex. : niveau de bien-être des animaux d'élevage pour un système de production donné, toutefois des systèmes d'évaluation sont proposés). Les impacts environnementaux occupent une place croissante, mais sont complexes à évaluer.
Commerciales	Méthodes variées adaptées pour chaque classe de produit. Lait : critères basés sur les qualités technologiques et sanitaires. Viandes : évaluation réalisée visuellement par des opérateurs agréés en abattoir (ruminants) ou par des méthodes objectives (porcs). Œufs : l'intégrité est inspectée manuellement (mirage) ou de façon automatisée (analyse des fréquences obtenues par martèlement en divers endroits de la coquille).	Réglementations mises en place pour faciliter les échanges commerciaux. Les technologies de vidéo-imagerie en cours de développement pourraient aider à l'objectivation des évaluations (bovins, ovins), déjà appliquées en porc. En Australie, le système MSA (Meat Standard Australia) propose un modèle de prédiction de la qualité de la viande bovine intégrant davantage de critères, notamment organoleptiques.	Viande : critères essentiellement quantitatifs (rendement, poids), négligeant les autres volets de la qualité. Méthodes d'appréciation souvent subjectives (opérateurs de classement des carcasses), sauf pour le porc. Lait : critères essentiellement basés sur les propriétés technologiques et sanitaires.
Usage	Enquêtes permettant de prendre en compte la représentativité large d'une population. Méthodes d'évaluation encore peu formalisées dans la littérature scientifique.	Possibilité de prendre en compte de nombreux critères et différents moyens d'enquête (interrogation directe en vis-à-vis ou par téléphone, questionnaire distribué par la poste, par mail ou mis en ligne sur internet par les réseaux sociaux).	Temps de réalisation relativement long. Variabilité des réponses, d'où la nécessité d'interroger un nombre élevé de personnes (environ 1 000). Réponses dépendantes des habitudes de consommation de la population enquêtée. Peu d'études longitudinales pour évaluer l'évolution des pratiques des consommateurs et leurs attentes sur la qualité d'usage.

Annexe VI. Pistes d'action publique et besoins de recherche

À l'issue du travail, l'expertise a identifié des pistes pour l'action publique et des besoins de recherche qui sont synthétisés dans le tableau ci-dessous.

	Enseignements de l'ESCo	Pistes pour l'action publique	Besoins de recherche
Consommateurs	Exigence accrue des consommateurs sur les conditions de production et de transformation et besoin de réassurance Évolution rapide des comportements et des attentes des consommateurs	Campagnes d'information, étiquetage Observatoire de signaux faibles et prospectives sur l'évolution de la consommation des aliments d'origine animale	Anticiper les évolutions dans les attentes et les comportements des consommateurs Construire des solutions en rupture Développer des outils d'étiquetage Étudier les nouvelles pratiques et leurs enjeux
Consommateurs	Perte de savoir-faire culinaires au profit d'aliments « prêts à consommer »	Renforcement de l'éducation (qualité nutritionnelle, saisonnalité...)	Identifier les pratiques à domicile et analyser leur impact
Santé	Les connaissances ne permettent pas actuellement de prendre en compte la variabilité des conditions de production et de transformation des aliments		Mieux comprendre les liens entre santé et conditions de production et de transformation des aliments, y compris l'ultra-transformation
Santé	Certains classements des aliments utilisés dans les recommandations nutritionnelles sont apposés sur les étiquettes ou indiqués dans des applications numériques. Ils sont débattus dans la communauté scientifique	Contrôler/accompagner le développement des applications numériques pour les choix alimentaires	Affiner les méthodes de classement des aliments en tenant compte des procédés d'élaboration des produits
Production et transformation	Constat de la primauté des propriétés commerciales sur les autres propriétés constitutives de la qualité ; primauté à la quantité produite et faible prise en compte des autres dimensions, en particulier pour les produits standards	Encourager les actions collectives incitant l'ensemble des acteurs à mieux prendre en compte les différentes dimensions de la qualité Accompagner le développement des SIQO et le respect du bien-être animal Soutenir la transition des systèmes d'élevage vers la production d'aliments d'origine animale de qualité	Mieux prendre en compte les différentes dimensions de la qualité, par exemple pour l'information aux consommateurs, le paiement aux éleveurs et la sélection génétique Instruire/construire les transitions vers des pratiques/systèmes d'élevage favorables à la qualité des aliments d'origine animale

Production et transformation	Manque d'information et de travaux sur le devenir des animaux n'entrant pas dans les canons des propriétés commerciales actuellement requises	Accompagner les acteurs dans les évolutions des systèmes de production visant à valoriser les animaux n'entrant pas dans les canons des propriétés commerciales et maintenir le plus d'animaux dans la chaîne alimentaire (circuits courts, développement de SIQO...)	Instruire des solutions innovantes permettant de mieux valoriser les animaux des deux sexes, de réforme, et d'allonger les carrières de production des femelles
	Manque de méta-analyses sur la quantification des effets des conditions de production et de transformation des aliments sur leur qualité		Réaliser des méta-analyses pour gagner en robustesse dans l'évaluation quantitative de l'effet des différents facteurs déterminants de la qualité
	Importance de l'étape de pré-abattage sur la qualité des viandes	Limiter le stress en facilitant le maillage des abattoirs sur le territoire	Évaluer les risques associés (sanitaires, bien-être animal) aux dispositifs d'abattoirs mobiles. Développer des procédures pour maîtriser ces risques et mieux gérer les coproduits et déchets produits par l'abattage
Gestion de la qualité	Travaux émergents sur les unités fonctionnelles qui prennent en compte la qualité des produits Développement des approches multicritères sans qu'aucune ne couvre toutes les propriétés constitutives de la qualité		Développer des approches et outils multicritères pour gérer les antagonismes. Développer des outils peu invasifs pour évaluer et gérer la variabilité
	Demande de garanties sur les conditions de production et de transformation des aliments	Adapter les contrôles en cohérence avec l'intensification des échanges internationaux	Développer et tester des méthodes d'authentification transférables aux opérateurs

Composition du groupe d'experts

Pilotes scientifiques

Sophie Prache, INRAE Clermont-Ferrand, UMR Herbivores (petits ruminants).

Véronique Santé-Lhoutellier, INRAE Clermont-Ferrand, UR Qualité des produits animaux (procédés de transformation des produits animaux).

Experts

Camille Adamiec, université de Strasbourg, Maison interuniversitaire des sciences de l'homme - Alsace (sociologie de l'alimentation).

Thierry Astruc, INRAE Clermont-Ferrand, UR Qualité des produits animaux (procédés, viande).

Élisabeth Baeza-Campone, INRAE Tours, UMR Biologie des oiseaux et aviculture (volailles).

Pierre-Étienne Bouillot, AgroParisTech, Institut de recherche juridique de la Sorbonne (droit de l'alimentation).

Antoine Clinquart, université de Liège, département des denrées alimentaires (bovins).

Cyril Feidt, Ensaia Nancy, UR Animal et fonctionnalité des produits animaux (risques alimentaires chimiques).

Estelle Fourat, CNRS/EHESS, Institut de recherches interdisciplinaires sur les enjeux sociaux (sociologie de alimentation).

Emmanuelle Kesse-Guyot, INRAE Paris-Université Paris Sorbonne-Inserm-Cnam, Cress-Équipe de recherche en épidémiologie nutritionnelle (épidémiologie nutritionnelle).

Joel Gautron, INRAE Tours, UMR Biologie des oiseaux et aviculture (œufs).

Laurent Guillier, Anses (risques alimentaires microbiologiques).

Bénédicte Lebret, INRAE Rennes, UMR Physiologie, environnement et génétique pour l'animal et les systèmes d'élevage (porcs).

Florence Lefèvre, INRAE Rennes, Laboratoire de physiologie et génomique des poissons (poissons).

Bruno Martin, INRAE Clermont-Ferrand, UMR Herbivores (produits laitiers).

Pierre-Sylvain Mirade, INRAE Clermont-Ferrand, UR Qualité des produits animaux (modélisation, procédés).

Fabrice Pierre, INRAE Toulouse, UMR Toxicologie alimentaire (toxicologie alimentaire).

Didier Rémond, INRAE Clermont-Ferrand, UMR Nutrition humaine (nutrition).

Pierre Sans, ENVT-INRAE Toulouse, UR Alimentation et sciences sociales (économie des filières).

Isabelle Souchon, INRAE Grignon, UMR Génie et microbiologie des procédés alimentaires (procédés).

Contributeurs complémentaires

Jérôme Bugeon (INRAE, poisson), Martine Cardinal (Ifremer, poisson), Isabelle Cassar-Malek (INRAE, lait), Mauro Coppa (INRAE, fromage), Geneviève Corraze (INRAE, poisson), Marie-Pierre Ellies (INRAE, viande), Benoît Graulet (INRAE, lait), Jean-François Hocquette (INRAE, abattage), Catherine Hurtaud (INRAE, lait), Nathalie Kerhoas (Bleu Blanc Cœur), Françoise Médale (INRAE, poisson), Françoise Nau (INRAE, ovoproduits), Cécile Sibra C. (INRAE, lait), Mathilde Touvier (Inserm, additifs), Véronique Verrez-Bagnis (Ifremer, poisson), Olivier Vitrac (INRAE, emballage).

Équipe projet

Coordination du projet : Catherine Donnars, INRAE Paris, DEPE.

Documentation : Agnès Girard, INRAE Rennes, Laboratoire de physiologie et génomique des poissons, et Sophie Le Perchec, INRAE Rennes, DEPE.

Gestion du projet : Kim Girard et Sandrine Gobet, INRAE Paris, DEPE.

Chargée de mission : Mégane Raulet, INRAE Paris, DEPE.

PAO : Sacha Desbourdes, INRAE Orléans.

Coordination éditoriale : Catherine Jalouneix
Relecture : Juliette Blanchet
Mise en page : EliLoCom

Dépôt légal : mars 2021

Imprimé pour vous par Books on Demand
(Allemagne)